廢污水
創新處理
與再生

葉琮裕　著

東華書局

國家圖書館出版品預行編目資料

廢污水創新處理與再生 / 葉琮裕著 . -- 1 版 . -- 臺北市 : 臺灣東華, 2018.01

176 面 ; 19x26 公分

ISBN 978-957-483-916-2（平裝）

1. 污水工程

445.48　　　　　　　　　　106022806

廢污水創新處理與再生

著　　者	葉琮裕
發 行 人	陳錦煌
出 版 者	臺灣東華書局股份有限公司
	臺北市重慶南路一段一四七號三樓
	電話：(02) 2311-4027
	傳眞：(02) 2311-6615
	郵撥：00064813
	網址：www.tunghua.com.tw
直營門市	臺北市重慶南路一段一四七號一樓
	電話：(02) 2371-9320
出版日期	2018 年 1 月 1 版 1 刷

ISBN　　978-957-483-916-2

版權所有・翻印必究

前言
Preface

　　身處 21 世紀環境的我們，在環境涵容能力範圍內，有追求自由、平等和適當生活水準的基本權利，同時為了目前及未來世代，也負有保護及改善環境的嚴肅責任。回顧國際近五十年來發展的環境保護運動，全球性的環境問題，使人類體會到以往追求資源無限制使用的經濟成長，勢必危及自然環境與人類的平衡，唯有確保環境生態的永續穩定，才能達到人類社會的永續發展。

　　以國內來說，自一九七〇年代以來的高經濟成長對創造社會財富確實有具體的貢獻，但卻由於水、土資源不當使用、環境負荷過重，造成環境品質的惡化和不斷發生的公害事件，再者產業結構的改變，以致總用水量逐年急速攀升中，就供給面言，已面臨「缺水」的臨界點。在各行業的用水需水量日益增加，新水源開發不易，且可使用之水源日益減少的情況下，水的再利用成了值得探討的課題。其中，由於台灣的用水需求量相當大，廢、污水排放量也相當的可觀，在未來水資源逐漸短缺的窘境下，倘若社會集體的共識能夠朝向「永續、綠色廢污水處理再利用之技術」，除了有望降低環境污染之外，還可減輕用水需求負荷，進而再造永續利用水資源之目的。

　　而在過去筆者所經營的永續與綠色科技中心研究，於平時污水工程審查案及在中央環保署工作時的國外參訪案例以及於學校教育內的課程教學等化作經驗，本書收錄內容針對一般我們熟知污水廠要解決廢、污水問題，不外乎有物理、化學或生物方法是處理的基本流程，技術實務與非技術時事評析與生活大補帖等全方位的內容，祈讀者們能有所裨益。

　　有鑒於永續發展的重要性，「藍天綠地、青山淨水、健康永續」是我於國立高雄大學成立永續與綠色科技研究中心，也是一直以來的願景。然而，永續發展目標之實踐除政府的相關政策與作為外，亦有賴全民永續發展教育的扎根方得有成。因此本書著作最重要之目的在於提升民眾對於永續發展相關議題的覺知，了解國際與我國對於達成永續發展目標策略，進而落實綠色生活，方能強化社會整體因應全球環境變遷所引致的水資源大戰及資源耗竭危機。

推薦序

　　台灣逐步邁入已開發國家過程中，廢污水處理從來都是關鍵課題，為保護水環境，需加強廢污水處理建設與管理，政府公布了下水道法與水污染防治法，以防治水污染、確保水資源之潔淨、維護生態體系及改善生活環境，在法規與政策的逐步施行下，現代社會對廢污水處理專業工程人員的需求也日益增加。

　　葉琮裕教授鑒於國內廢污水處理及水資源永續發展議題日益重要，於教學研究工作忙碌之餘，除整理高雄大學任教污水工程相關課程教材，並結合過去廢污水處理審查工作及國外參訪交流之所見所聞，將廢污水處理中重要的一環－生物處理之基本原理及應用，以及目前水處理及與水資源之重要議題，以淺顯易懂的方式呈現給讀者，可供未來有志學習污水處理工程的後學們作為參考教材之用。

高雄市政府水利局

蔡長昆

2017 年 11 月

推薦序

隨著我國生活水準的提高，人們對水的需求也相對提高，在氣候變遷導致極端氣候加劇的今天，一個穩定而安全的水源更形彌足珍貴。在許多缺水地區，水處理工程師們已開始想方設法，將使用過的廢水再處理後循環利用，以因應水源日漸不足或已受污染的嚴峻現實。水的再利用，已成為科學家與工程師們的重大考題。

我國長期秉持保護環境資源的態度，持續追求環境永續發展願景，依照「國家發展計畫」擬定「強化對環境的責任」作為施政主軸，訂定年度施政目標及指標，據以推動各項環境保護措施及行動計畫，強化事業廢水管理與再利用及土壤與地下水污染整治。廢污水的管理與再利用，亦被世界各國視為永續發展目標（The Sustainable Development Goals, SDGs），因此提升整體污水處理率，將有助提升國家形象及競爭力。

環境乃全體國民的公共財，在全球氣候變遷環境下，希望藉由本書之出版能激盪出更多環境保護創意與工程技術的提昇，讓我們更務實面對國土環境的挑戰，使後代子孫能有一個藍天綠地、青山綠水、永續發展的生活空間。

行政院環境保護署　署長

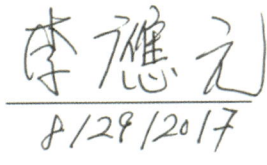
8/29/2017

推薦序

　　上善若水，水善利萬物而不爭。水是上天恩賜的循環資源，地表的水分經蒸發→凝結→降水，形成地面逕流匯入江河湖海，或滲入地層形成地下水，提供人類社會使用，並帶動碳氮硫磷……等的循環，滋養大地萬物。然而，水資源使用後若未妥善的淨化處理即排入自然水體，將造成污染而影響生態系統的平衡，並嚴重威脅人們的健康和地球上其他生物的生存。

　　近半世紀以來，臺灣隨著人口、產業活動的增加，已經產生環境污染負荷過重的問題，以水體水質而言，多數主次要河川中下游受到中度甚至嚴重程度的污染，其中源自於市鎮生活污水的比例幾乎占了一半。因此，積極推動下水道系統及相關污水處理設施之建設係為當前重要的水污染防治工作，而除了提高污水下水道普及率，綠色內涵的污水處理廠及建築物污水處理設施之營運管理、污泥之減量與資源化以及處理水之再生利用等，應為當前產官學研各界共同努力的重點課題。

　　葉琮裕教授曾於行政院環保署水質保護處服務十年，在國立高雄大學致力於環境工程的教學研究之餘，長期擔任污水處理設施相關計畫審查委員提供建言，今特將其在污水工程相關的專業經驗及資料編撰成書，提供有志於從事污水工程者技術實務及水質管理之重要參考，期盼讀者可以把書中環保的理念、價值、知識和技能，融入生活和工作當中，共同為臺灣優質環境的營造貢獻心力。值是書出版，樂為之薦。

張祖恩

行政院環境保護署前署長

成功大學環境工程系特聘教授

自序

在廢水處理、廢棄物資源化、土壤及地下水污染整治以及未來新能源開發利用等領域上，生物處理扮演非常重要的角色，本書基於生物原理與實務的觀點，著墨於廢污水的處理，俾能有效地解決環境問體的根本。而本書之編著主要是輔助污水工程教科書之用，從原理、設計實務至試題解析，做有效之整理，更結合於政府部門、業界經驗及多年授課心得，增加不少內容、觀念與解析，期望藉由本書打好同學在污水工程學領域上的基礎與掌握全貌。

筆者才學疏淺，祈各方先進不吝予以指正。而筆者一直在學校教授環境工程的相關課程，有感於坊間書籍未臻完全，乃編撰此書。

倉促付梓，若有謬誤尚祈見諒。

最後，特別感謝我的家母及同僚的鼓勵，高志明教授、陳谷汎教授、彭彥彬教授，還有永綠中心、張志君、研究生們、陳厚慈及莊逸馨的協助，還有謝謝東華書局多方配合和支援，使本書更臻完善。

葉琮裕教授
謹識
2017年4月

作者簡介

作者姓名　葉琮裕

國　　籍　中華民國

E-MAIL　　tyyeh@nuk.edu.tw

一、主要學歷

學校名稱	國別	主修學門系所	學位	起訖年月（西元年／月）
美國賓州州立大學	美國	土木系環境工程組	博士	1993/09 至 1997/08
美國加州大學柏克萊分校	美國	土木系環境工程組	碩士	1990/09 至 1992/06
國立成功大學	台灣	環境工程學系	學士	1983/09 至 1987/06

二、現職及與專長相關之經歷

服務機構	服務部門／系所	職稱	起訖年月（西元年／月）
現職：			
國立高雄大學	工學院	副院長	2017/05- 迄今
國立高雄大學	永續與綠色科技研究中心	主任	2015/03- 迄今
國立高雄大學	土木與環境工程學系	教授	2014/01- 迄今
國立高雄大學	土木與環境工程學系	副教授	2009/08-2014/01
經歷：			
國立高雄大學	土木與環境工程學系	助理教授	2003/08-2009/07
行政院環境保護署	環境保護人員訓練所	組長	1999/09 至 2003/08
行政院環境保護署	水質保護處	主任工程師	1997/08 至 1999/09
行政院環境保護署	水質保護處	技正	1992/07 至 1993/07
行政院環境保護署	水質保護處	科員	1989/07 至 1990/07

三、專長 請自行填寫與研究方向有關之學門及次領域名稱。

1. 環境工程	2. 土壤及地下水整治	3. 廢水處理	4. 人工濕地淨水工程

目錄 Contents

第一章　技術實務　　1

- 1-1　引言　　1
- 1-2　廢污水生物處理原理　　2
- 1-3　好氧生物處理　　6
  - 1-3-1　活性污泥法原理　　6
  - 1-3-2　活性污泥法介紹　　7
  - 1-3-3　微生物的生長代謝及反應動力　　27
- 1-4　厭氧生物處理　　30
  - 1-4-1　技術發展　　30
  - 1-4-2　基本原理　　31
  - 1-4-3　影響消化的因素　　33
  - 1-4-4　厭氧生物處理方法之優缺點　　34
- 1-5　其他技術介紹　　40
  - 1-5-1　穩定塘　　40
  - 1-5-2　滴濾池　　42
  - 1-5-3　旋轉生物盤法　　45
  - 1-5-4　人工濕地之自然淨化工法　　47
- 1-6　污泥處理　　50
  - 1-6-1　污泥種類與來源　　50
  - 1-6-2　污泥特性與產量　　53
  - 1-6-3　污泥處理流程及單元　　64

第二章　非技術──時事評析與生活大補帖　　85

2-1	淺談生態工法──改善河川水體水質	85
2-2	2002 河川污染整年	86
2-3	英國人的驕傲──談泰晤士河整治歷經 30 年的努力	87
2-4	水資源再利用──談薄膜技術	88
2-5	污泥資源化	89
2-6	廢水專責人員不可不知──談放流水標準限值檢驗數據	90
2-7	地下水資源之補注及再利用	91
2-8	馬里蘭州水體總量管制制度	93
2-9	放流水標準銅限值之思考	94
2-10	水資源管理趨勢	95
2-11	成功的公民營合作水處理事業（Public-Private-Participation）	96
2-12	環保新偏方──讓豬排隊上廁所	97
2-13	來自風車之國的環保經驗	98
2-14	參訪德國環境保護訓練之見聞	99
2-15	畜牧糞尿沼液沼渣作為農地肥分使用評估計畫	101

附　　錄　　103

相關法規	103
污水經處理後注入地下水體水質標準修正總說明	121
水污染防治法	135
地面水體分類及水質標準	151
放流水標準	153

第一章 技術實務

1-1 引言

　　污水下水道是生態環境保護的必要設施，更是「現代化」的基本指標，是文明之象徵，為國家建設發展之重要指標，更攸關一個國家的公共衛生品質甚鉅；而污水下水道功能將家庭及事業等各種廢水排放污水下水道，再輸送到污水處理廠處理、消毒後，或者回收再利用，以成為可永續循環的再生水資源。

　　污水下水道建設是一種不討喜的基礎建設，但卻是一個先進健康國家最基本且重要的工程，與其他歐美國家相較下，我國恐有嚴重落後的趨勢，原因在於政府過去未重視其建設工程；再者，許多民眾視污水處理廠會產生房價下跌、臭味等問題，常引發民眾的抗爭，除此之外，民眾也會因為費用的問題而拒絕施工，使接管戶數無法順利提升，造成整體工程推動不易。

　　污水下水道建設不僅在避免河川污染及水資源之永續利用，也是提升都市生活環境品質及健全都市發展，提升國家競爭力，並帶動污水下水道相關產業蓬勃發展，使經濟發展及生活品質並進，讓臺灣躋身先進國家之列，世界各國均將之列為重要施政工作是未來趨勢，因此提升全國污水下水道用戶接管普及率的問題，已是刻不容緩之事。

1-2 廢污水生物處理原理

生物處理法係利用微生物的代謝作用來分解廢水中複雜的溶解性有機化合物及部分含氮、磷之化合物以達到安定化效果；此法對一般家庭廢水及有機性等廢污水具有經濟處理效益。依有無供給氧氣情況，可分為：

- 好氧性處理（aerobic process）
- 兼氧性處理（facultative process）
- 厭氧性處理（anaerobic process）

依微生物生長方式，可分為：

- 懸浮生長式（suspended-growth process）
- 附著生長式（attached-growth process）

利用微生物將碳水化合物、蛋白質及脂肪等複雜有機物分解為二氧化碳、硝酸鹽、硫酸鹽等簡單無機鹽，以形成新細胞產生能量。

茲將上述之生物處理法簡介如下：

1. **好氧性處理** 在廢水之好氧性處理中，廢水中之有機物（包括碳水化合物、蛋白質、脂肪等）被好氧性微生物分解成穩定物質。

   反應過程為：

2. **兼氧性處理** 利用兼氧菌在有氧環境下進行有機物之好氧性分解作用，無氧環境下進行厭氧性分解作用。

   在好氧環境下，大腸菌可將葡萄糖分解為 CO_2 及水；在無氧環境下，大腸菌可將葡萄糖發酵為 CO_2 及有機酸。

3. **厭氧性處理** 利用微生物在缺氧情況（密閉反應槽）下分解廢水中有機物，產生甲烷、二氧化碳、氨及硫化氫等，最後並殘留不被分解的有機物如腐植質，或為比較穩定的物質。有機物之穩定化，係由酸形成菌及甲烷形成菌分兩階段完成。

厭氧性處理的反應過程如圖 1.1 所示。

4. **懸浮生長式**[1]　微生物在反應槽液體中保持懸浮狀態，如活性污泥法及厭氧接觸法。
5. **附著生長式**[2]　微生物在反應槽中附著於惰性介質上，如板盤、條棒、礫石或特殊設計的塑膠物等，又稱生物膜式，如生物圓盤法、滴濾池法、接觸曝氣法。

廢水生物處理的方法，依特性去除物質欲處理的程度而有不同的選擇，常用廢水有以上之方式如表 1.1。為達效果良好，廢水處理設施需選擇適當生物處理方法，設計合理的生物處理設施並熟悉處理程序，同時須維持良好生長環境。了解原理方能達到功效，至於好氧及厭氧分解的主要差異，以及懸浮生長式與附著生長式生物處理系統比較則分別如表 1.2 及表 1.3 所示。

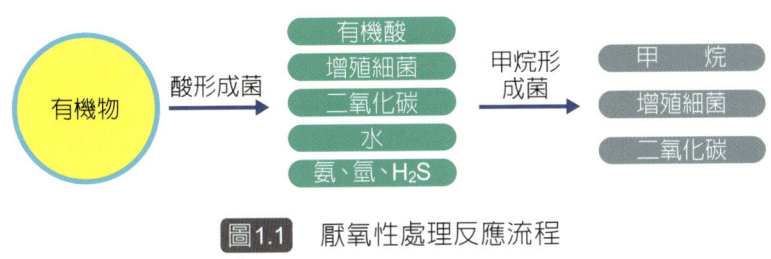

圖1.1　厭氧性處理反應流程

1　懸浮生長式亦可稱為懸浮式生長。
2　附著生長式亦可稱為附著式生長。

表1.1 廢水生物處理程序之種類及處理特性

好氧系統（氧分子作為電子之最後接受者：$O_2+2H_2O+4e^-=4OH^-$）

型式	名稱	用途
1. 懸浮生長式	活性污泥法	去除含碳有機物硝化
	氧化渠	
	氧化深渠	
	批式活性污泥法（SBR）	
	活性污泥膜濾法（MBR）	
2. 附著生長式	接觸曝氣法	去除含碳有機物
3. 組合式	活性污泥法＋接觸曝氣法	去除含碳有機物硝化
	好氧流體化床（附著生長＋懸浮生長）	

厭（缺）氧系統
缺氧：硫酸根作為電子之最後接受者 $SO_4^{2-}+6H_2O+8e^-=H_2S+10OH^-$）
缺氧：硝酸根作為電子之最後接受者 $2NO_3^-+6H_2O+10e^-=N_2+12OH^-$）
厭氧：碳酸根作為電子之最後接受者 $HCO_3^-+6H_2O+8e^-=CH_4+9OH^-$）

型式	名稱	用途
1. 懸浮生長式	厭氧接觸系統	去除含碳有機物脫硝
	厭氧污泥床（UASB）	
	厭氧消化槽	
2. 附著生長式	厭氧濾床	去除 VSS、含碳有機物污泥穩定作用、含氮有機物脫氨
3. 組合式	厭氧流體化床	去除含碳有機物污泥穩定作用

表1.2　好氧性與厭氧性處理程序比較

項目	好氧	厭氧
能源耗用	高（需曝氣，每去除 1 kg COD 約需 1 kg O_2，耗用 1 度電力）	低（僅需幫浦或攪拌動力用電）
生成物	每去除 1 kg COD 約產生 0.2～0.5 kg 污泥	每去除 1 kg COD 約產生 0.05～0.10 kg 污泥 0.35 m^3 甲烷
主要最終產物	CO_2、H_2O、SO_4^{2-}、NO_3^-	CH_4、CO_2、H_2O、H_2S、NH_3
營養需求	每去除 150 kg COD 約需 5 kg 氮及 1 kg 磷	每去除 150 kg COD 約需 0.5 kg 氮及 0.1 kg 磷
反應器體積需求	每去除 1 kg COD/day 約需體積 0.5～2.0 m^3	每去除 1 kg COD/day 約需體積 0.1～0.5 m^3
進流水 COD	100～1,000 mg/L	>200 mg/L
組合	可單獨或串連使用，使處理水達放流標準。	通常作為好氧處理的前處理，意即先經厭氧單元去除掉大部分的有機物後，再串連好氧單元進行後處理，以達放流標準。

表1.3　懸浮生長式與附著生長式生物處理系統比較

懸浮生長式	附著生長式
• 微生物懸浮在反應槽內 • 對進流水中毒性物質相當敏感 • 微生物基質利用率較不受質量傳輸的限制 • 需設置二級沈澱池，迴流污泥量影響反應槽內污泥濃度 • 以去除有機物及硝化為主要目的，適當組合可發揮除磷及脫硝功能 • 污泥產生量較多	• 微生物附著在介質表面形成生物膜 • 對進流水中毒性物質較能忍受 • 基質利用率受質量傳輸的影響，生物膜厚度會影響基質攝取量及速率 • 反應槽操作不受二級沈澱池操作效果的影響，通常不需污泥迴流；有時可不須設置二級沈澱池 • 以去除有機物及硝化為主要目的，亦有部分脫硝功能 • 污泥產生量較少

1-3 好氧生物處理

活性污泥法為生物處理法最普遍採用之方法，由於有機性的廢污水特別有效，它能從污水中去除溶解態及膠體態的有機物以及能被活性污泥吸附的懸浮固體和其他一些物質，同時也能去除一部分磷素和氮素；簡而言之，就是用活性污泥中的好氧細菌及原生動物來對廢水中的有機物進行吸附、氧化及分解，進而將其轉化成二氧化碳及水的方法，因此被廣泛應用。

1-3-1 活性污泥法原理

在曝氣槽中，藉曝氣設備供給氧氣，將有機廢水、微生物（主要為細菌）充分混合，溶解性有機物即被微生物分解成穩定物質及增殖微生物，以達有機物去除目的。

活性污泥混合液（mixed liquid）可送至沈澱池予以固液分離，其中固體物（即沈降之高濃度活性污泥）有大部分會再迴流至曝氣槽中（又稱迴流污泥，return sludge），以控制槽中足夠之活性污泥濃度；另一部分排出而另行處理（又稱廢棄污泥，waste sludge）。

液體部分（上澄液）則逕行放流或進入下一處理單元繼續處理（圖 1.2）。

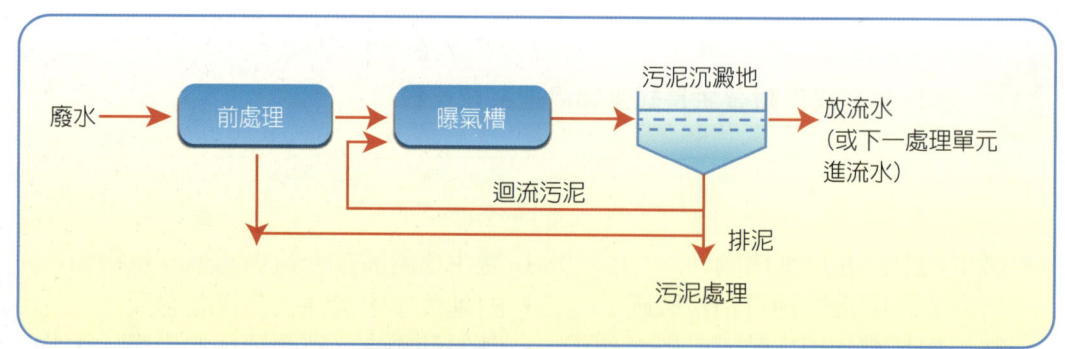

圖1.2　活性污泥系統流程

1-3-2 活性污泥法介紹

A. 活性污泥的形成
廢水處理過程中微生物的變化（圖 1.3）：
1. 活性污泥係由 (1) 細菌、(2) 少量真菌、(3) 原生動物等異種個體群微生物所構成之混合培養體。
2. 最初為分解、同化有機物之異營性細菌，其次部分細菌被原生動物捕食，而達到淨化水質之目的。
3. 一般可從原生動物中的纖毛蟲大量出現，來判斷曝氣槽中活性污泥正處於成熟期，可達污泥淨化的最佳效果。

B. 活性污泥的組成
正常懸浮式活性污泥係以膠羽狀存在，污泥內生物主要為細菌，污泥外可見到原生動物的游動。活性污泥法在正常操作狀態時，可藉原生動物（如輪蟲）的出現作為判定出流水水質是否清澈（即處理功能良好）之一項重要生物指標。

膠羽的生物可分為活性污泥生物與非活性污泥生物，非活性污泥生物以攝取水中呈自由狀之懸浮有機物及死亡被分解的殘體，活性污泥生物可去除活性

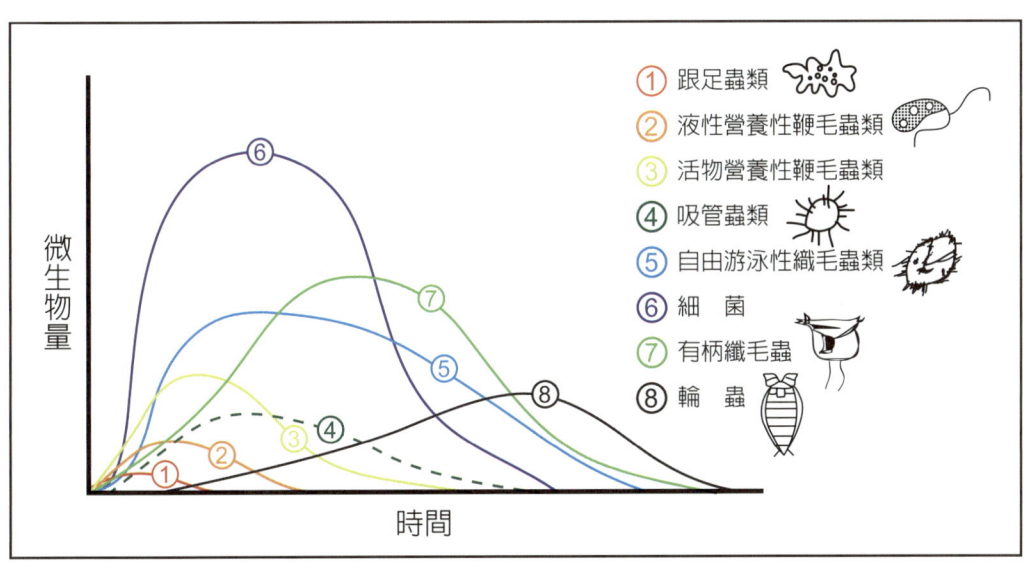

圖1.3　活性污泥中微生物之變化

污泥膠羽所吸著的污泥物質。

活性污泥之組織及微生物如圖 1.4 所示。

C.微生物之增殖過程

污泥去除有機物之主要機構為藉吸著、氧化及同化順序進行，以達成去除有機物之目的。為獲得良好的處理水質，活性污泥應具有良好的凝聚性及沈降性。

由圖 1.5 得知，於對數增殖期的有機物及微生物較具作用，一直到體內呼吸期，微生物的食物來源（有機質）減少，部分自體氧化分解、部分死亡。一般活性污泥法處理系統之設計或操作上，為顧及最終沈澱池之固液分離效果，一般藉減率增殖期及體內呼吸期之微生物來處理有機廢水。

D.影響活性污泥處理效率之因素

營養分　廢水生物處理上，微生物代謝所需要之營養分，依微生物代謝必須之營養分，依組成種類而異，除碳水化合物之外，尚需少量的氮磷及其他的微量金屬元素，一般以 $BOD_5:N:P:Fe = 100:5:1:0.5$ 最為適當。

營養分不平衡時，氮營養源可藉由添加 NH_4OH 或 $(NH_2)_2CO$（尿素）、磷營養源則添加 Na_3PO_4 或 H_3PO_4、鐵營養源可添加 $FeC1_3$ 以補充之。

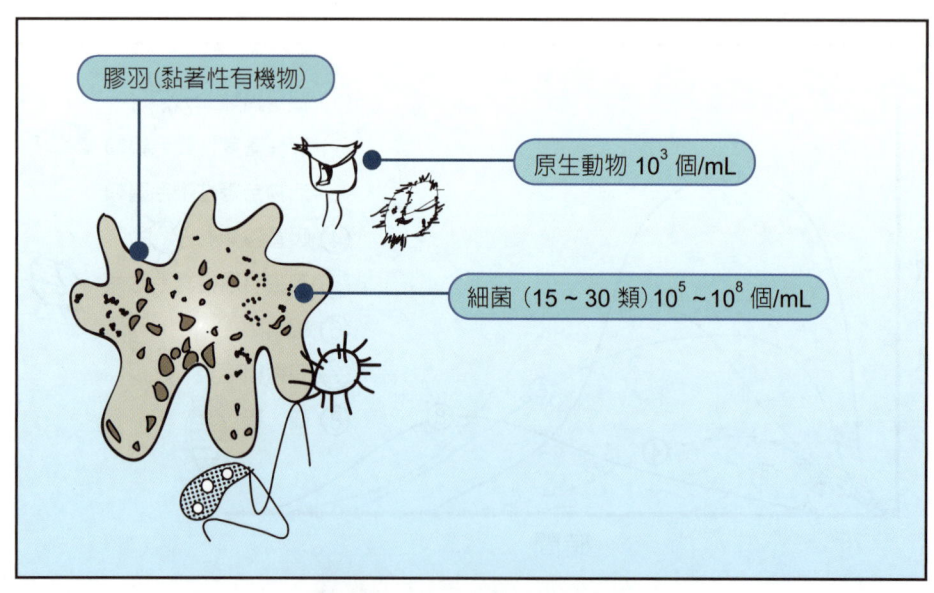

圖1.4　活性污泥結構組成

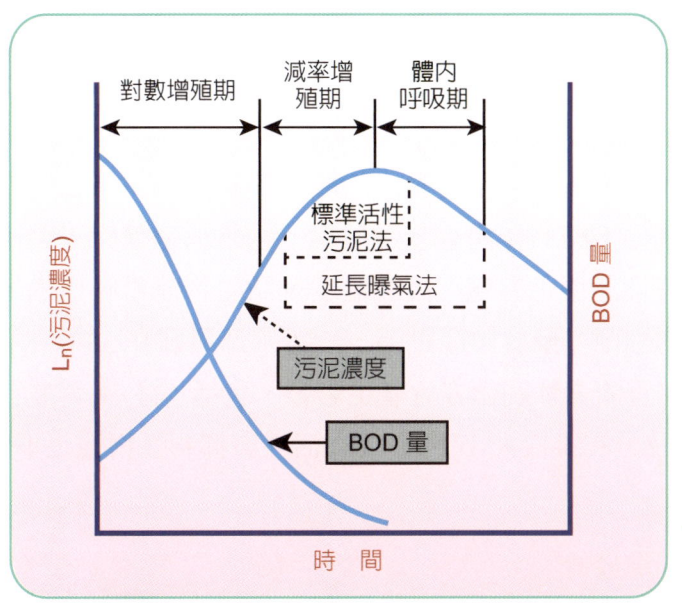

圖1.5　活性污泥（微生物）之增殖過程

有害物質　所謂的有害物質是泛指會對生物處理中之微生物產生抑制或毒害作用的物質，廢水生物處理中常見的有毒物質按照其化學性質可以分成三類：(1) 有機化合物，例如酚、甲醛、甲醇、苯及氯苯等；(2) 無機化合物，例如硫化物、氰化鉀、氯化鈉、硫酸根、硝酸根等；(3) 重金屬離子，例如鉛、鎘、鉻、砷、銅、鐵、鋅、汞、鎳等；(4) 其他，如殺菌劑、消毒劑、除草劑及殺蟲劑。

下水道中，因雨水或者其他的方式而使得污水被稀釋，會降低 Ca、K、Mg 之濃度，進而讓 SVI 上升將導致處理端的沈澱池分離不佳，上層污泥逕流。

鹽類濃度過高，會使污泥菌體產生滲透內壓差，菌液與菌體分離，污泥細胞機能下降，處理效果不佳。

其他

　　氮需要量 4.3 kg N/100 kg BOD 去除
　　磷需要量 0.6 kg P/100 kg BOD 去除

溫度影響

　　低溫 4°C 以下
　　中溫 4～39°C　　　　　　曝氣槽 DO 以 2～3 mg/L

高溫 39～55°C　　　　　溫度以 20°C～30°C

$K_T = K_{20°C}\,\theta^{(T-20)}$　　　　θ 介於 1.03～1.10（1.015 都市污水）

對微生物而言，由於微生物體內的原生質和酶多由蛋白質組成，溫度過高時蛋白質就會凝固，酶的作用會受到破壞。當水溫過低時，雖不會導致細菌很快死亡，但會使細菌停止繁殖，因此溫度是微生物能否旺盛繁殖的重要因素。由於生物處理的細菌多屬於中溫細菌，一般水溫最好在 30°C 左右。另外，溫度對廢水中有毒物質的毒性閥值亦會產生影響，包括：(1) 有毒物質的存在形態；(2) 菌群的結構及分布毒性大小不同；(3) 活性與抑制性物性也不同。

PH 影響

維持 PH＝7 為最佳

PH 6.5～8.5／鹼度 70～80（mg/L 當 $CaCO_3$ 時）

對微生物而言，pH 值過高或過低均會使酶的活力降低，甚至喪失活力；另外，由於 pH 值會改變某些無機物或有機物在廢水中的存在形式，也會改變細胞活性，從而改變抑制有毒物質之毒性能力。

活性污泥系統係由五個基本單元所構成：

1. 前處理：包括攔污、沈砂、除油、初沈、調整等設施，其功能有二：一為降低曝氣槽之有機負荷；二為避免因惰性固體物在曝氣槽中累積，而使其有效容積減小。
2. 曝氣槽：好氧微生物利用有機物，進行生物氧化作用以淨化廢水；經初沈後有機污水與最終沈澱池迴流污泥接觸，進行氧化並產生新生物膠羽。
3. 污泥沈澱池：具有澄清及濃縮之雙重功用。
4. 迴流污泥設備：使曝氣槽內保持一定數量之混合液懸浮固體物（微生物）；生物膠羽進行沈降決定放流水水質關鍵，沈降污泥部分迴流、部分廢棄。
5. 排泥設備：因曝氣槽之微生物進行氧化作用過中，將養分轉化以維持能量，另一部分則用增殖污泥。為了維持曝氣槽內之微生物濃度不變，通常將增殖污泥量予以排除。

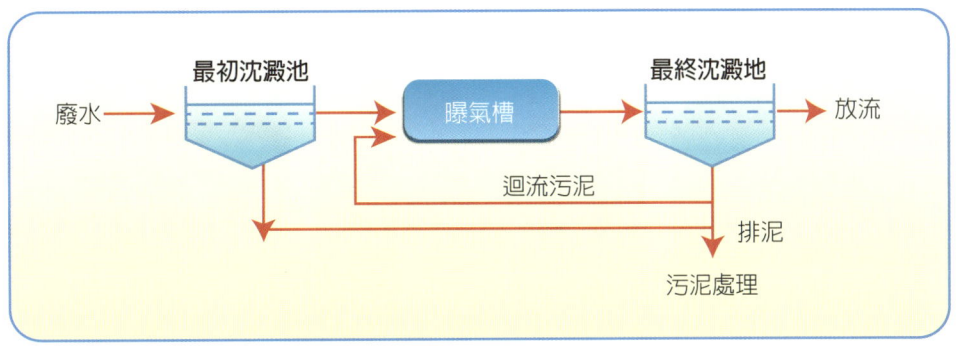

圖1.6　活性污泥生物處理系統

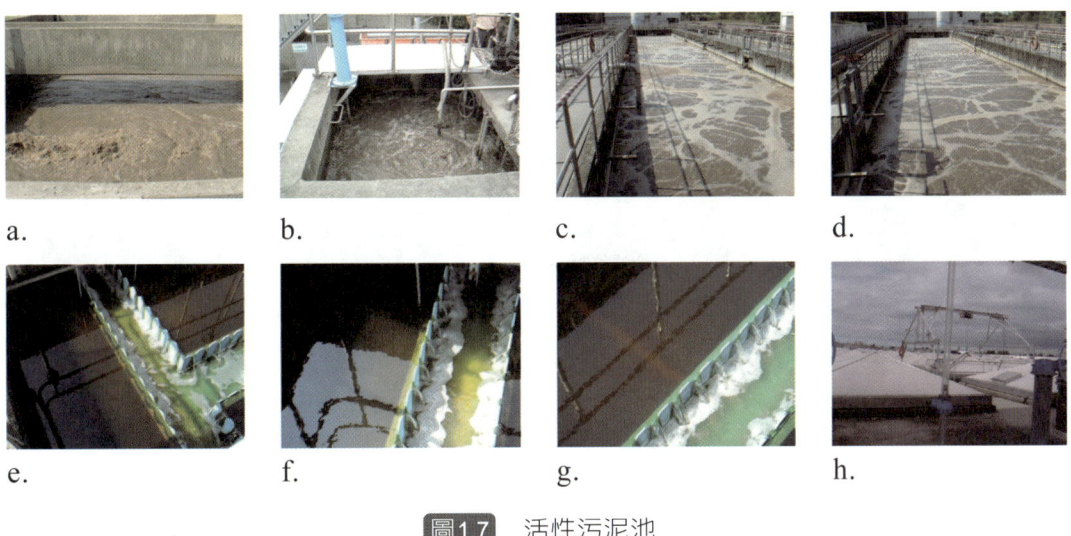

圖1.7　活性污泥池

圖1.8　曝氣區

圖1.9　脫氮區

廢污水創新處理與再生

圖1.10　污泥膠羽

a.

b.

圖1.11　馴養區（Selector）

a. 生物污泥溶氧檢測

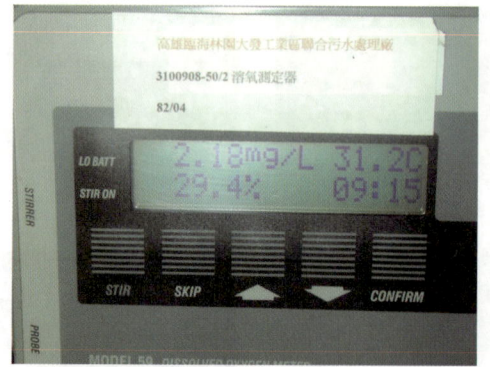
b. 生物污泥溶氧數值結果

圖1.12　生物污泥沈降試驗

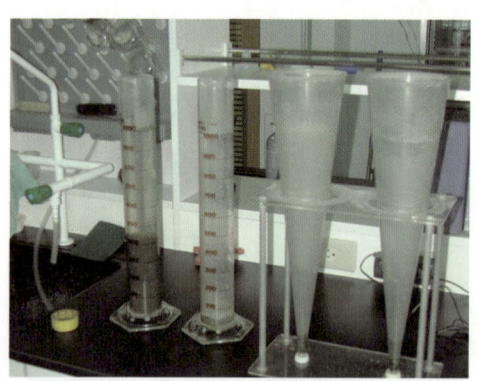
圖1.13　生物污泥沈降試驗過程

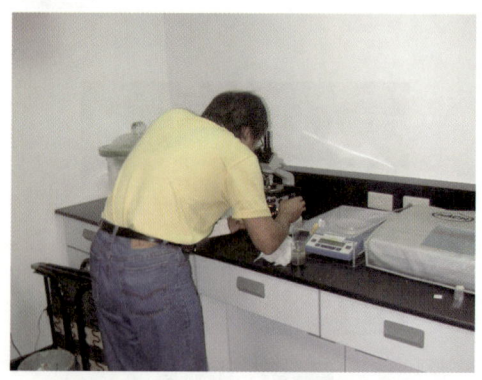
圖1.14　生物污泥菌相觀察過程

a.

b.

c.

d.

e.

圖1.15　歐美各國之終沉池

E. 設計及操作之標準

1. **有機負荷 (organic loading) 或稱為 F/M（食微比）**　F/M 為每日流入曝氣槽內的有機物質量與曝氣槽內污泥質量的比值，單位為 kg BOD_5/(kg MLVSS.day)，其中 MLVSS 表示混合液揮發性懸浮固體量。F/M 表示每日供每公斤 MLVSS 攝食之有機污染物 (BOD_5) 公斤量。傳統活性污泥法之 F/M 約 0.2～0.5 kg BOD_5 /(kg MLVSS.day)。F/M 若過高，則入流水污染物將因無法充分為微生物攝食而流出；F/M 太低，則因活性污泥之體內呼吸比率高，使處理效率（曝氣槽單位體積之 BOD 去除速率）降低，亦可能影響污泥沈降速率。

F/M = (Q×BOD)/(V×MLVSS)
　　　Q = 流入曝氣槽中的污水量 (m^3/day)
　BOD = 流入曝氣槽中污水 BOD 濃度 (kg/m^3)
　　　V = 曝氣槽有效容積 (m^3)
MLVSS = 曝氣槽中揮發性污泥濃度 (kg/m^3)

2. **容積負荷（體積負荷）(F/V)**　曝氣槽有效容量中每 $1m^3$ 容積每日所負荷之 BOD_5 量，即 $kg\ BOD_5/m^3\text{-day}$：

$$F/V = Q \times BOD/V$$

污泥齡（sludge age）或稱為平均細胞停留時間（mean cell residence time, MCRT），污泥齡係微生物（污泥）在活性污泥系統中之平均停留時間。為維持一定的污泥齡，應每隔一段時間予以排出處理。倘若放流水中的懸浮固體濃度甚小時，污泥齡為槽內之污泥量除以每日廢棄之污泥量：

$$污泥齡\ (day) = (V \times MLVSS)\ /\ 每日廢棄污泥量\ (kg)$$

3. **污泥容積指標（sludge volume index, SVI）**　SVI 為量測污泥沈降性之重要參數。自曝氣槽取出混合懸浮液倒入 1 公升量桶中靜置 30 分鐘，量測污泥量容積，即得靜置 30 分鐘活性污泥的沈降體積（SV_{30}），再計算 1 克乾活性污泥所占容積 (mL)：

$$SVI\ (mL/g) = SV_{30}\ (mL/L)/MLSS\ (g/L)$$

SVI　　= 污泥容積指標 (mL/g)
SV_{30}　= 1 公升活性污泥靜置 30 分鐘時沈澱污泥所占之體積 (mL/L)
MLSS = 活性污泥濃度 (g/L)

若 SVI 太大，表示污泥之沈降性及濃縮性不佳，會增加終沈池流出水之懸浮固體量，減低處理效果，且增加迴流污泥量；若 SVI 太小，則表示污泥太過緊密（compact），可能為污泥結塊或其中含太高比例之無機污泥，易造成排泥困難及阻塞污泥管線。

標準活性污泥法之污泥容積指標介於 50～150 mL/g，係表示污泥沈降性良好；150～200 mL/g 表示污泥輕微膨化；200 mL/g 以上表嚴重膨化。當 F/M 過高及有特殊有毒工業廢水流入時，常使 SVI 升高。

測驗 1.1　活性污泥系統處理污水 $Q=10,000\ m^3/d$，經初沈池處理後之 BOD=150 mg/L，終沈池放流水不能大於 5 mg/L（放流水標準），採用完全混合式活性污泥法，已知 Y=0.5 kg/kg，K_d=0.05 d^{-1}，假設曝氣池中 MLSS=3,000 mg/L，迴流污泥濃度=10,000 mg/L，假設 θ_c(污泥齡)=10 天，求 (1) 曝氣槽體積？(2) 每日廢棄之污

泥乾重？(3) 迴流比？（設 X_o=150 mg/L）

測驗 1.2 某一活性污泥系統 V=400 m³，MLSS=3,000 mg/L，Q=300 m³/d，S_o=600 mg/L，X_o=150 mg/L，S_e=50 mg/L，X_e=40 mg/L，Q_w=15 m³/d，X_R=10,000 mg/L，沈降實驗 1 公升污泥 30 分鐘後，污泥體積為 270 mL，求 (1) F/M？(2) θ_c？(3) R？(4) SVI？

測驗 1.3 污水處理廠計畫處理 15,000 人流量，地下水入滲量每人每日平均污水量 10%，設污水 BOD_5=200 mg/L，S_S=250 mg/L，污泥迴流比 25%，迴流污泥濃度 8,000 mg/L，食微比 F/M=0.25，求

(1) 污水管之設計污水量？
(2) 以最大日流量（尖峰係數 1.5）為設計曝氣槽流量，求其有效容積 V？
(3) 曝氣時間（水力停留時間）θ？
(4) 容積負荷 L_v？
(5) 30 分鐘沈降液面 200 mL，求 SVI？操作是否良好？

測驗 1.4 都市水再生廠處理量 10,000 m³/d，流入水 BOD_5, 20℃ =200 mg/L，經初沈池後去除 40%，擬以完全混合活性污泥法處理至放流水 BOD_5, 20℃ =7 mg/L。設若平均污泥停留時間 10 日，MLSS 為 2,000 mg/L，而設計參數由實驗室獲得 Y=0.6 mgVSS/mg BOD，K_d=0.06 d-1，K_s=60 mg/L，K=5.0 d-1，求曝氣槽容積及污泥產生量。

F. 傳統式及各種改良式活性污泥法

1. **傳統式活性污泥法** 將生物槽中之廢水和活性污泥混合液曝氣，藉污泥沈澱池將活性污泥與處理水分開，使迴流沈降之生物污泥與進流原廢水混合。

    傳統式活性污泥法操作方式：

- 柱塞流型反應系統（plug flow reactor, PFR）
    此為一長渠形水路之曝氣槽，進流污水由曝氣槽之一端注入，而由另一端流出，廢水與迴流污泥在曝氣槽之前端混合。

廢水於長渠進口端濃度較高，有機物被分解速率較快；於出口端濃度接近處理水質。由於進流水與處理水不混合，與完全混合型反應系統比較，在相同體積負荷條件下，可得較佳之處理水質。

- 完全混合型反應系統（continuous stirring tank reactor, CSTR）

流入之廢水與槽內微生物群、迴流污泥，於短時間內利用動力攪拌加以完全混合，使槽內溶氧消耗和微生物群分布均勻。

優點為減小突增與尖峰濃度，及調勻進流廢水之水量與水質變化。

註 反應槽型式

1. 質量平衡（Mass balances）

$$\begin{pmatrix} \text{mass} \\ \text{accumulation} \\ \text{rate} \end{pmatrix} = \begin{pmatrix} \text{mass} \\ \text{flux in} \end{pmatrix} = \begin{pmatrix} \text{mass} \\ \text{flux out} \end{pmatrix} = \begin{pmatrix} \text{net rate of} \\ \text{chemical} \\ \text{production} \end{pmatrix}$$

$$\frac{dm}{d} = m_{in} - m_{out} + m_{reaction}$$

- Completely mixed flow reactor (CMFR)
- Batch reactor
- Plug-flow reactor (PFR)

2. 批次反應槽（Batch Reactor）

- 無進流及出流（輸入 = 輸出 = 0）
- 只有累積及反應
- 輸入 = 輸出＋累積＋反應

    $0 = 0 + \Delta C \cdot V + K \cdot C \cdot \Delta t \cdot V$（一次反應）

    $\Delta C \cdot V = -K \cdot C \cdot \Delta t \cdot V$

    $\dfrac{\Delta C}{\Delta t} = -KC \qquad \text{limit } \Delta t \to 0$

    $\dfrac{dC}{dt} = -KC \Rightarrow \dfrac{dC}{dt} = -Kdt \Rightarrow \ln C = -Kt$

    $\Rightarrow C = C_0 e^{-Kt} \to 一次$

    $0 = 0 + \Delta C \cdot V + K \cdot \Delta t \cdot V$

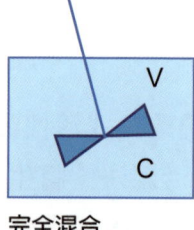

完全混合

$$\Delta C = -K \cdot \Delta t$$

$$\frac{dC}{dt} = -K \Rightarrow C = C_0 - Kt \rightarrow 零次$$

3. 連續流完全混合式反應槽（continuous flow stirred tank reactor, CFSTR）

$$\frac{\frac{L}{t}}{L} \frac{Q}{V} = \frac{1}{\tau}$$

$$\frac{V}{Q} = \tau$$

- 輸入及輸出
- 污染物質一進入反應槽即完全混合
- 反應槽污染物質濃度皆相同（$C = C_{out}$）

輸入 = 輸出 + 累積 + 反應

$$Q \cdot C_{in} \cdot \Delta t = Q \cdot C_{out} \cdot \Delta t + \Delta C \cdot V + K \cdot C \cdot \Delta t \cdot V$$

$$Q \cdot C_{in} \cdot \Delta t - Q \cdot C_{out} \cdot \Delta t - K \cdot C \cdot \Delta t \cdot V = \Delta C \cdot V \quad (\div V\ 及\ \Delta t)$$

$$\frac{\Delta C}{\Delta t} - \frac{Q}{V} \cdot C_{in} - \frac{Q}{V} \cdot C - KC \quad \text{limit } \Delta t \rightarrow 0\ (Q_{in} = Q_{out})$$

$$\frac{dC}{dt} - \frac{Q}{V} \cdot C_{in} - \frac{Q}{V} \cdot C - KC \quad (假設穩定狀態\ \frac{dC}{dt} = 0)$$

$$C(\frac{Q}{V} + K) = \frac{Q}{V} \cdot C_{in}$$

$$C = \frac{\frac{Q}{V} \cdot C_{in}}{\frac{Q}{V} + K} = \frac{C_{in}}{1 + K \cdot \frac{Q}{V}} = \frac{C_{in}}{1 + K\tau}$$

$$C = \frac{C_{in}}{1 + K\tau}$$

(1) 污染物濃度於每一橫斷面皆相同
(2) 柱管內沿軸方向前後橫斷面無混合

輸入 = 輸出 + 累積 + 反應（一次反應）

$Q \cdot C_{(x)} \cdot \Delta t = Q \cdot C_{(x+\Delta x)} \cdot \Delta t + \Delta C \cdot A \cdot \Delta x + K \cdot C \cdot \Delta x \cdot A \cdot \Delta t$

$-Q \cdot C_{(x+\Delta x)} \cdot \Delta t + Q \cdot C_{(x)} \cdot \Delta t = \Delta C \cdot A \cdot \Delta x + K \cdot C \cdot \Delta x \cdot A \cdot \Delta t$ （÷Δt 及 Δx）

$-\dfrac{Q \cdot (C_{(x+\Delta x)} - C_{(x)})}{\Delta x} = \dfrac{\Delta C}{\Delta x} \cdot A + K \cdot C \cdot A \quad \text{limit } \Delta t \to 0 \;\; \Delta x \to 0$

$-\dfrac{Q \partial C}{\partial x} = \dfrac{\partial C}{\partial t} \cdot A + K \cdot C \cdot A$

$-\upsilon \dfrac{\partial C}{\partial x} = \dfrac{\partial C}{\partial t} + K \cdot C \Rightarrow \dfrac{\partial C}{\partial x} = -\upsilon \dfrac{\partial C}{\partial x} - K \cdot C$

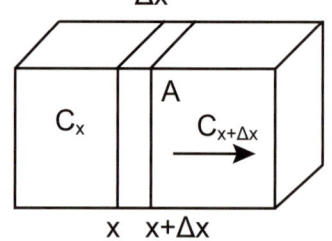

表 1.4　PFR 和 CFSTR 之比較

K	PFR [exp(−Kτ)]	CFSTR [(1/(1+Kτ)]
0.1	0.905	0.909
0.2	0.819	0.833
~	~	~
10	0.00005	0.091

C/C$_{in}$

註記：上表 τ 越大，PFR 之去除率較 CFSTR 佳。（τ= 在進料的條件下，要充滿一個反應器體積所需要的時間）物質流入反應器內所待的時間不一樣長，會有一個平均滯留時間，又因為在反應器內，除了會發生反應外，混合物的密度還會發生變化，因此定義一個比較簡單的空間時間（space time），τ。

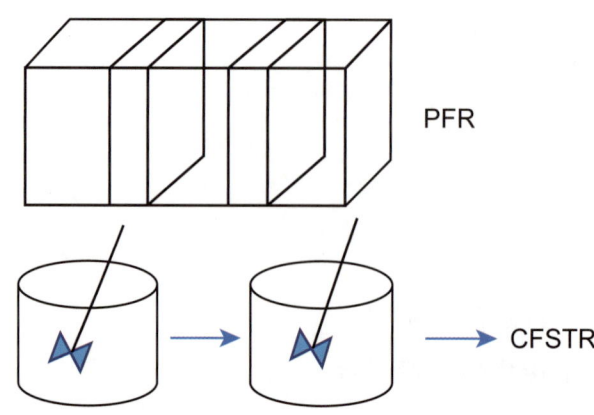

n 個 CFSTR 串聯：

$$\frac{C_{out}}{C_{in}} = \left(\frac{1}{1+\frac{K\tau}{n}}\right)^n$$

τ：總平均停留時間

批次反應 $C = C_0 e^{-Kt}$

完全混合 $\dfrac{C}{C_0} = \dfrac{1}{1+K\theta}$

柱塞式 $C = C_0 e^{-K\theta}$

n 個 PFR 串聯：

$$\frac{C_{out}}{C_{in}} = \exp(-K\tau)$$

$* \dfrac{C_{out,1}}{C_{in}} = \exp(-K\tau_1)$; $\dfrac{C_{out,2}}{C_{in}} = \exp(-K\tau_2)$

批次反應 $C = C_0 e^{-Kt}$

$\dfrac{C_{out}}{C_{in}} = \exp(-K\tau_1) \cdot \exp(-K\tau_2)$
$\qquad = \exp(-K\tau)$

完全混合 $\dfrac{C}{C_0} = \dfrac{1}{1+K\theta}$

柱塞式 $C = C_0 e^{-K\theta}$

4. 活性污泥反應槽

最初沈澱池之處理水，流入曝氣池與其內微生物接觸，將水中有機物去除，之後流入最終沈澱池，沈澱污泥，上澄液放流，沈澱污泥一部分廢棄，一部分迴流至曝氣槽，以維持曝氣槽內之 MLSS 之處理方法。

假設活性污泥反應槽為完全混合槽質量平衡，如圖 1.16。

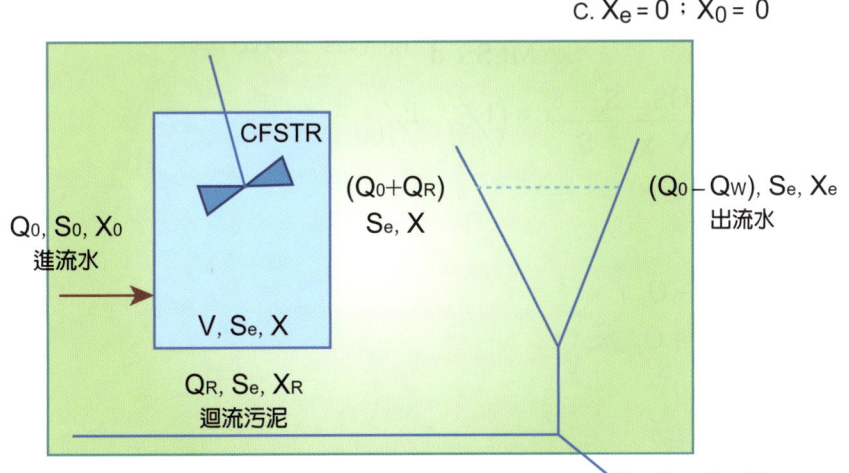

一般假設
A. 定常穩定狀態
B. $S_{放流} = S_{迴流} = S_{廢棄}$
C. $X_e = 0$; $X_0 = 0$

圖 1.16 反應流程圖

假設 x_0 濃度甚低

$\Delta x \cdot V = \mu x \cdot \Delta t \cdot V - [(Q_0 - Q_w)x_e \cdot \Delta t + Q_w x_R \cdot \Delta t]$

累積 = 產生 - 流出　（流入為 0）

$\left(\dfrac{dx}{dt}\right)V = \mu_{net} \cdot x \cdot V - [(Q_0 - Q_w)x_e + Q_w x_R]$

$\dfrac{dx}{dt} = \mu_{net} \cdot x - \dfrac{[(Q_0 - Q_w)x_e + Q_w x_R]}{V}$

穩定狀態 → $\dfrac{dx}{dt} = 0$

$\mu_{net} = \dfrac{[(Q_0 - Q_w)x_e + Q_w x_R]}{V \cdot x}$

或　$\theta_C = \dfrac{V \cdot x}{[(Q_0 - Q_w)x_e + Q_w x_R]}$

$\dfrac{dS}{dt} \cdot V = Q_0 S_0 + Q_R S_e - \dfrac{\mu x}{Y} \cdot V - (Q + Q_R)S_e$

$\dfrac{dS}{dt} = \dfrac{Q_0}{V}(S_0 - S_e) - \dfrac{\mu x}{Y}$

穩定狀態　$\dfrac{dS}{dt} = 0$

$\dfrac{\mu}{Y} = \dfrac{Q_0(S_0 - S_e)}{V \cdot x}$

$q = \dfrac{Q_0(S_0 - S_e)}{V \cdot x}$

$\boxed{\begin{array}{l} \dfrac{dS}{dt} = \dfrac{1}{Y}\dfrac{dx}{dt} = \dfrac{1}{Y}\mu x \\[6pt] \dfrac{1}{x}\dfrac{dS}{dt} = \dfrac{\mu}{Y} \Rightarrow q = \dfrac{\mu}{Y} \\[6pt] E = \dfrac{(S_0 - S_e)}{S_0} \cdot 100\ \% \ (\text{BOD 去除率}) \end{array}}$

q 為總基質被微生物之利用率

又食微比 (BOD 負荷) $\dfrac{\text{kg BOD}}{\text{kg MLSS} \cdot d}$　即未包含流出 S_e

$F/M = \dfrac{Q_0 S_0}{V \cdot x}$，則 $q = \dfrac{QS_0}{V \cdot x} \cdot \dfrac{S_0 - S_e}{S_0} = (F/M) \cdot E/100$

$R = \dfrac{Q_R}{Q} = \dfrac{\text{MLSS} - x_0}{x_R - \text{MLSS}}$

$Q \cdot x_0 + Q_R \cdot x_R = x(Q + Q_R)$

$Q \cdot x_0 + Q_R \cdot x_R = Q \cdot x + Q_R \cdot x$

$Q(x_0 - x) = Q_R(x - x_R)$

$\dfrac{Q_R}{Q} = \dfrac{(x_0 - x)}{(x - x_R)} = \dfrac{(x - x_0)}{(x_R - x)}$

(一般若假設 $x_0 = 0$ ，則 $R = \dfrac{x}{x_R - x}$　又 $x = \dfrac{10^6}{SVI} \cdot \dfrac{R}{1+R}$)

$$\dfrac{1}{\theta_C} = Y_q - K_d$$

$$q = \dfrac{Q(S_0 - S_e)}{V \cdot x}$$

$$\theta_C = \dfrac{V \cdot x}{(Q_0 - Q_W) \cdot x_e + Q_W \cdot x_R}$$

---

2. **改良式活性污泥法**

接觸穩定法（contact stabilization process）。藉廢水與曝氣良好之活性污泥接觸，利用生物吸附作用，以去除大量 BOD。

　　廢水與穩定之污泥在接觸槽中接觸 30 至 60 分鐘，即混合液污泥經污泥沈澱池分離後先流入穩定槽，繼續曝氣使污泥吸附之有機物氧化完全，再使污泥與新流入廢水接觸以去除 BOD。

　　若 BOD 之去除率太低，以致於短時間內不能達到所欲之總去除率時，則應延長接觸時間以達到需求。BOD 去除率視污泥及廢水特性而定，若廢水含大量懸浮狀態 BOD，此法最為適用。採用接觸穩定法可減少約 50% 之用地空間。

接觸曝氣法（contact aeration）。接觸材料浸於曝氣槽內，槽內充分曝氣，其表面形成生物膜：1. 不需調整 MLSS，不需迴流污泥；2. 剩餘污泥量少，無膨化問題。

　　接觸曝氣槽有機負荷的表示方法包括曝氣槽容積負荷、接觸材料容積負荷及接觸材料面積負荷。其中接觸材料之容積依填充率、曝氣方式而異，而有效面積亦因各類材料表面之複雜性。

• 曝氣槽操作控制參數──BOD 容積負荷

　　由於填料比表面積大，池內充氧條件良好，池內單位容積的生物固體量較高，因此，生物接觸氧化池具有較高的容積負荷。

$$L_v = \dfrac{Q \cdot S_0}{V \times 10^{-3}}$$

$L_v : \dfrac{kg}{m^3 \cdot d}$，一般 $0.4 \sim 0.5 \dfrac{kg}{m^3 \cdot d}$

v：接觸槽容積 m^3

S_0：流入 BOD 濃度 mg/L

Q：進流量

- 曝氣槽操作控制參數──BOD 面積負荷

接觸曝氣法在操作管理上最大的問題是接觸材的阻塞問題，高容積或面積負荷愈大，愈易阻塞，以致去除率降低，加以各種接觸材料的形狀及孔隙率各異。

$$L_s = \dfrac{Q \cdot S_0}{A \times 10^{-3}} \qquad A：接觸材料表面積 m$$

階梯曝氣法（step aeration process）。階梯曝氣法（圖 1.17）係將進流廢水沿著曝氣槽，分由數處進入與活性污泥混合，以平衡有機負荷及需氧率。

迴流污泥由曝氣槽前端進入，而進流廢水則藉隔牆（baffle）分由數處加入於曝氣槽，使槽內氧利用率及 BOD 之去除達均勻效果。

此方法之處理功能與傳統式活性污泥法相近。

階梯曝氣法可視為介於柱塞流型與完全混合型之處理方法。此法去除一定之 BOD 量所需的容積較標準活性污泥小，故可降低水力停留時間，減少所需土地面積（圖 1.18）。

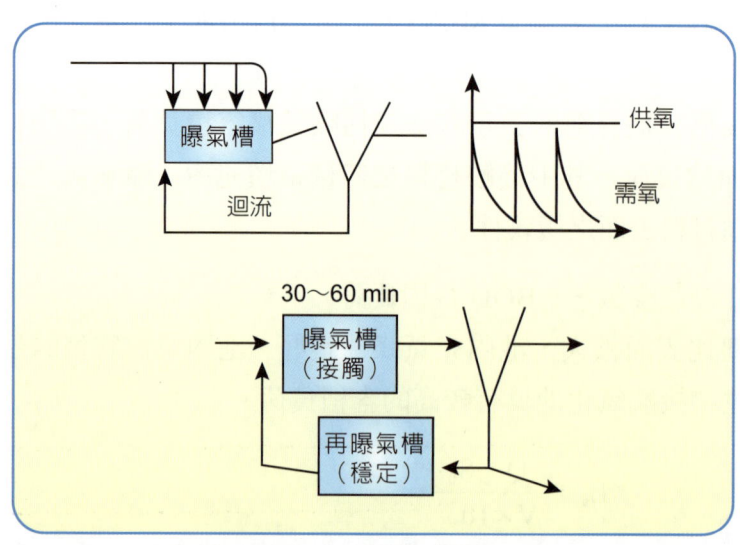

圖 1.17 階梯曝氣法：廢水沿著曝氣槽，分段注入再迴流，藉此將附著於沈澱污泥表面有機物充分氧化

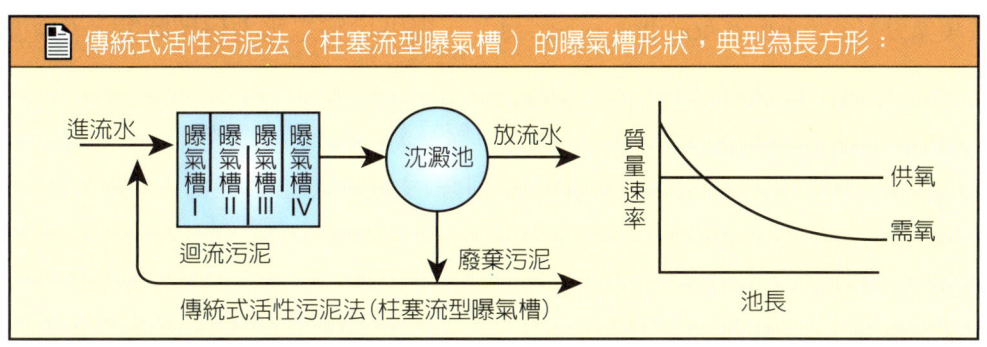

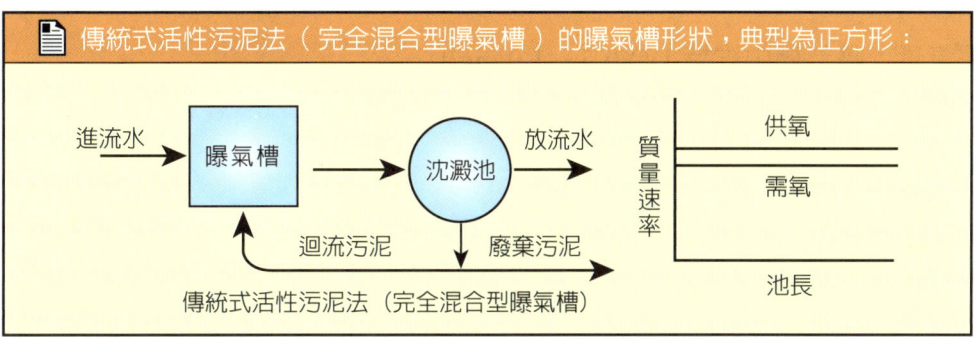

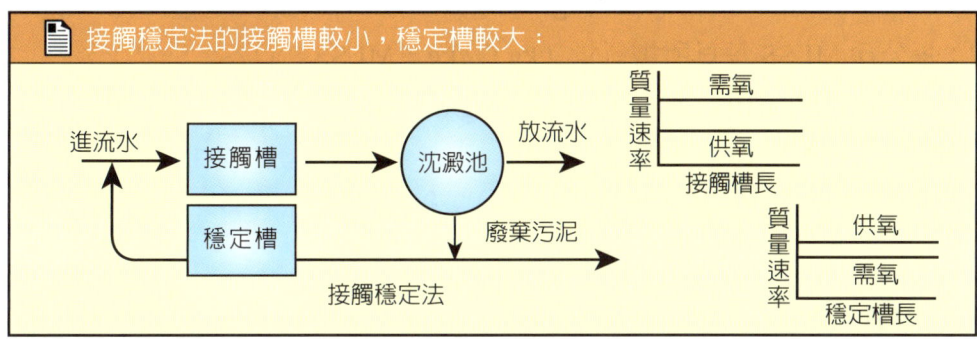

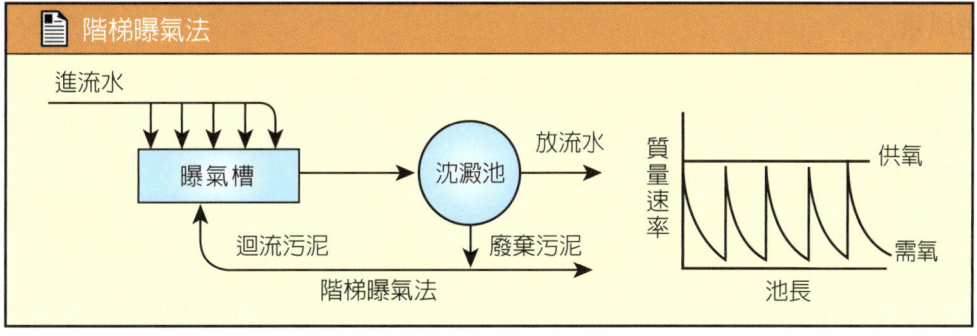

圖1.18　活性污泥法流程及供需氧關係

延長曝氣法（extended aeration process）。提供足夠之水力停留時間及污泥齡，以降低 F/M 比，使曝氣槽中之微生物進入體內呼吸期（endogenous respiration），將部分污泥質體完全氧化，所形成的膠羽較易凝聚。

理論上，由於長時間之曝氣，此法剩餘污泥較其他活性污泥法少。本法所需反應槽體積較大，不過通常可減少初沈池步驟，對於操作環境改變較具緩衝能力。

污泥膠羽可能因長期曝氣而再度被分解，造成處理水之 SS 較高。

① 需氧量：曝氣槽中維持 DO 0.5～1.0 mg/L
經驗式：
$U = a'L_r + b'M$
U：需氧量（kg/d）
L_r：去除 BOD 量　$S_o EQ \times 10^{-3}$（kg/d）
M：曝氣槽內 MLSS 量　$X \cdot V \cdot 10^{-3}$（kg）
a'：去除 1 kg BOD 所需氧量（kg O_2/kg BOD）；0.35～0.5
b'：每公斤 MLSS 每日所需氧量（kg O_2/kg・MLSS・a）
　　若曝氣槽發生硝化 +0.4N（氨氮量 kg/d）
理論式：
$$U = 1.47(S_o - S_e)Q_o - 1.14X_R(Q_W)$$
X_R：回流污泥濃度
Q_W：廢氣污泥量

② 送風量：
$$\theta_a = \frac{U(kg/hr)}{0.23\eta_o \rho}$$
單位：$\theta_a = (m^3/hr)$

　　$\eta = 1.29 (kg/m^3)$

　　0.23／空氣中氧重量

③氧傳輸速度

水之飽和溶氧濃度（kg/m³）

$$C_S = \frac{C_W}{2}\left(\frac{P}{1.033} + \frac{O}{21}\right)$$

C_W：1 大氣壓飽和溶氧量（kg/m³）

P：散氣位置之氣壓（kg f/m³）

O：出口氣體氧分壓（%）

　　空氣中氧氣容積組成比 21%，即 O＝21

氧傳輸速度（kg/hr）

$U = \alpha \cdot K_L a \cdot V(\beta C_s - C) 1.024^{T-20}$

C：水之溶氧濃度（kg/m³）

$K_L a$：綜合溶氧係數

V：曝氣槽體積

$\alpha = 0.85$，$\beta = 0.95$

T：溫度

④需氧量

$$\begin{aligned}U &= 1.47(S_o - S_e)Q_o - 1.14 \times X_R \times Q_W \\ &= 1.47(160-4)14400 \times 10^{-3} - 1.14 \times 15000(64.9) \times 10^{-3} \\ &= 1138 \text{ kg/d}\end{aligned}$$

送風量

$$Q_a = \frac{\varphi}{0.23 \times \eta_D \cdot \rho} = \frac{1138}{0.23 \times 0.07 \times 1.29} = 54793 \text{ m}^3/\text{d} = 38.1 \text{ m}^3/\text{d}$$

去除每 1 kg BOD 需空氣量

$$\frac{54793 \text{ m}^3/\text{d}}{14400 \times (160-4) \times 10^{-3}} = 24.4 \text{ m}^3/\text{kg}$$

測驗1.5　都市污水量 14,400 ms/d，經初沈池沈澱後污水之 $\text{BOD}_{5.20℃} = 160$ mg/L，經活性污泥法處理後之 $\text{BOD}_{5.20℃}$ 為 4 mg/L，SS 為 25 mg/L，若 Y＝0.65，$K_a = 0.05$，X＝2500 mg/L，$X_R = 15,000$ mg/L，$\theta_C = 10$ day，求曝氣槽體積、污泥XX量、回流比及需氧量（$\eta_o = 0.07$）。

曝氣設備。主要功用有二：(1) 供給所需氧量；(2) 維持生物固體於曝氣槽中呈懸浮狀態（圖 1.19）。

曝氣設備分為幾種類型，如散氣曝氣裝置、表面曝氣裝置（圖 1.20）及氣液噴射流式系統，其中表面曝氣設備較為簡便，亦較為常用。

活性污泥膜濾法。MBR 主要利用超過濾（Ultrafiltration, UF）或微過濾（Microfiltration, MF）薄膜由活性污泥系統中分離生物污泥，以取代傳統之活性污泥沈澱池及砂濾池，並獲得更優質之出流水。

多項原因造成 MBR 快速發展，其中包括：膜製造技術改善，使其使用壽命延長 3 至 8 年，薄膜價格大幅降低，減少固定成本與操作成本投資。

MBR 技術可解決新興產業污染問題。

活性污泥膜濾反應器（圖 1.21a）與傳統活性污泥（圖 1.21b）系統比較，MBR 模組可取代傳統活性污泥系統之活性污泥沈澱池及砂濾池。

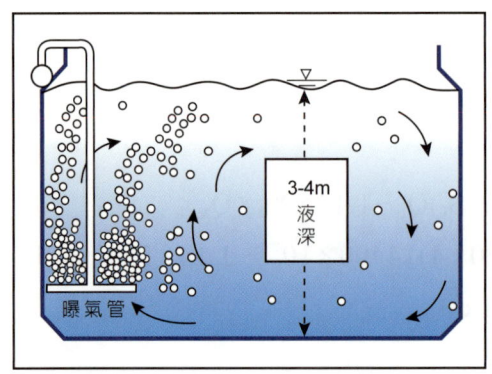

圖1.19　傳統活性污泥法曝氣系統斷面

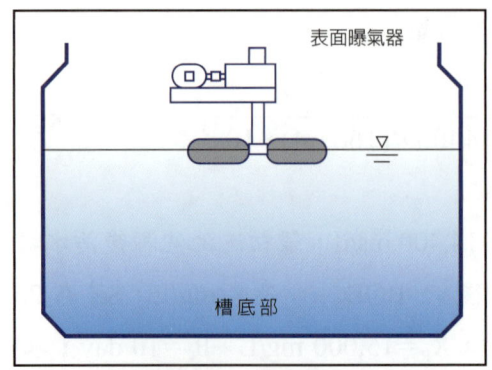

圖1.20　表面曝氣裝置

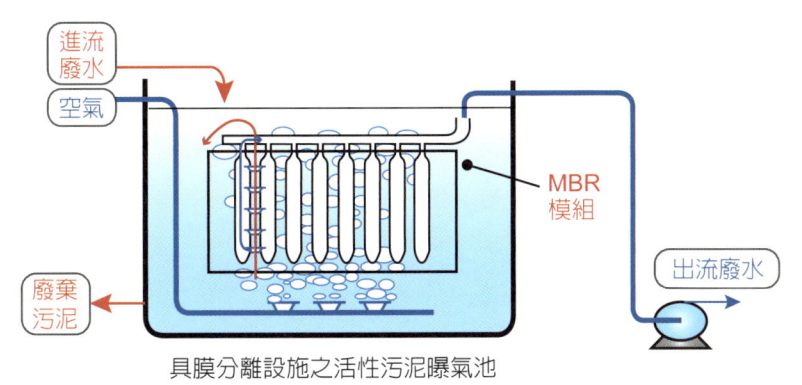

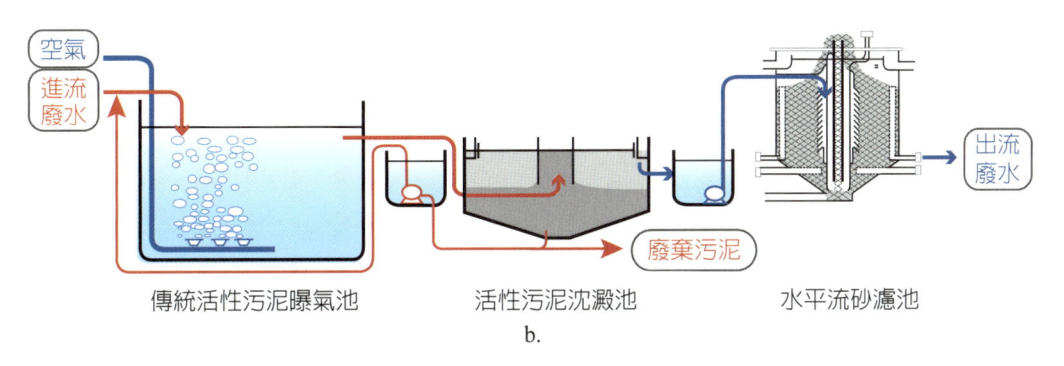

図1.21 活性污泥膜濾法

1-3-3 微生物的生長代謝及反應動力

1. Monod or Michaelis–Menten 式

$$\mu = \frac{1}{x} \cdot \frac{dS}{dt} = K_s\left(\frac{S}{K_m + S}\right)$$

μ：比基質利用率（specific rate of substrate utilization）

K_s：最大基質利用率 $[\frac{1}{T}]$

K_m：$\frac{1}{2} K_s$ 時之基質濃度 $[\frac{M}{L^3}]$

S：基質濃度 $[\frac{M}{L^3}]$

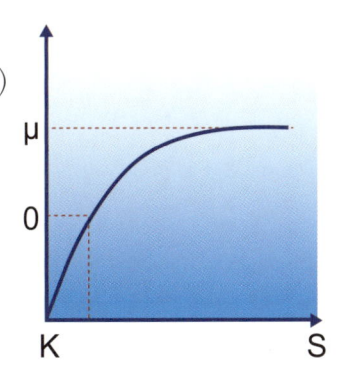

2. Models of Population Growth

Mass balance：

$$V \frac{dx}{dt} = Qx_{in} - Qx \pm \text{Reaction}$$

a batch reactor Q=0

$$V \frac{dx}{dt} = VKx \Rightarrow \frac{dx}{dt} = Kx$$

3. 微生物增殖動力學

A. 增殖

$(\frac{dx}{dt})_g = \mu \cdot x$ 　　$(\frac{dx}{dt})_g$：微生物增殖速率 (mg/L・S)

　　　　　　　　　　x：微生物濃度 (mg/L)

　　　　　　　　　　m：微生物比增殖速率 (1/sec)

Monod 式

$\mu = \mu_m (\frac{S}{K_S + S})$　　μ_m：飽和濃度中微生物最大增殖速率 (S^{-1})

　　　　　　　　　　S：基質濃度 (mg/L)

　　　　　　　　　　K_S：$\mu = \frac{\mu_{max}}{2}$ 時之基質濃度 (mg/L)

1. 當 $S \gg K_m \Rightarrow \mu = K_S \cdot \frac{S}{S} = K_S$ （零階）

2. 當 $S \ll K_m \Rightarrow \mu = K_S \cdot \frac{S}{K_m} = K''S$ （一階）

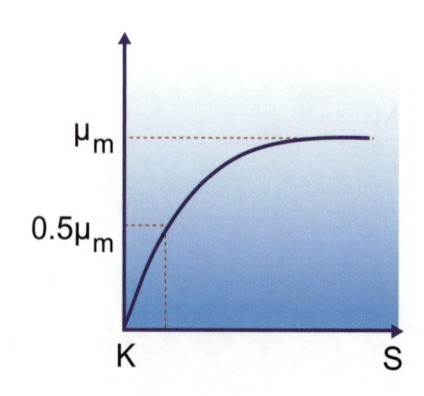

Monod 方程呈曲線。μ_m 為最大比生長速率，s 為限制性營養物質的濃度，K_s 為飽和常數，為比生長速度等於最大值的一半時的底物濃度。其值大，表示微生物對營養物質的吸收親和力小；反之，就越大。

$$\left(\frac{dx}{dt}\right)_g = \frac{\mu_m \cdot x \cdot s}{K_S + S}$$

又 $\left(\frac{dx}{dt}\right)_g = Y\left(\frac{dS}{dt}\right)_u$ $\left(\frac{dS}{dt}\right)_u$：基質利用速率 $(mg/L \cdot S)$

即 $\left(\frac{dS}{dt}\right)_u = \frac{\mu_m \cdot x \cdot S}{Y(K_S + S)}$

B. 減衰

$\left(\frac{dx}{dt}\right)_d = -K_d X$ $\left(\frac{dx}{dt}\right)_d$：微生物減衰速率 $(mg/L \cdot S)$

K_d：微生物減衰係數 (S^{-1})

C. 淨增殖率

$$\left(\frac{dx}{dt}\right)_g^{net} = \frac{\mu_m \cdot x \cdot S}{K_S + S} - K_d \cdot x$$

$$= Y\left(\frac{dS}{dt}\right)_u - K_d \cdot x$$

$\mu_{net} = \left(\frac{dx}{dt}\right)_g^{net} \cdot \frac{1}{x}$

$\Rightarrow \mu_{net} = \mu_m \frac{S}{K_S + S} - K_d$

$\dfrac{\frac{dx}{dt}}{x} = Y \dfrac{\frac{dS}{dt}}{x} - K_d$

$\Rightarrow \dfrac{1}{\theta_C} = Y_q - K_d$

q：比基質利用率（Specific substrate utilization rate）
θ_C：污泥停留時間（Sludge retention time, SRT）

Michaelis-Menten 方程中的 K_s 有明確的物理意義（與基質和酶的親和力有關），而 Monod 方程中的 K_s 僅是一個試驗值。

Michaelis-Menten 方程有理論推導基礎，而 Monod 方程是純經驗公式，沒有明確的理論依據。

1-4 厭氧生物處理

厭氧生物處理利用厭氧微生物降解污水和污泥中的有機物來淨化污水的生物處理方法。在無氧條件下，厭氧細菌和兼性細菌（好氧兼厭氧）降解有機污染物，又稱為厭氧消化法或厭氧發酵法，分解的產物主要是沼氣和少量的污泥。利用細菌將污水中大分子有機物降解為低分子化合物，進而轉化為甲烷、二氧化碳的有機污水處理方法，消化兩個階段中，在酸性消化階段，產菌酶作用，使大分子有機物變成簡單的有機酸和醇類、醛類氨、二氧化碳等；在鹼性消化階段，酸性消化的代謝產物在甲烷細菌作用下進一步分解成甲烷、二氧化碳等構成的生物氣體。這種處理方法過去主要是用於對高濃度的有機廢水和糞便污水，係為有機污水和好氧生物處理後等的廢污水處理。厭氧處理也可以像好氧處理的方式分為活性污泥法和生物膜法。厭氧活性污泥法有厭氧消化池、厭氧接觸消化、厭氧污泥床等；厭氧生物膜法有厭氧生物濾池、厭氧流化床和厭氧生物轉盤等。

1-4-1 技術發展

第一代反應器為家庭化糞池，屬於無污泥迴流、連續攪拌型式，其 SRT/HRT（污泥停留時間／水力停留時間）比值為 1。

- 厭氧接觸法：增加污泥迴流以提高 SRT/HRT 比值。
- 厭氧濾床法：將填充料置入於反應器內，以供生物膜成長之用，同時可使水流均勻，對於未能附著在填充料上之生物膜，也可保留在反應器內使不至於流失。
- 厭氧流體化床法：微生物濃度分布均勻、混合及接觸良好、粒子沈降性佳。
- 上流式厭氧污泥床法：不需填充料，但仍可固定生物細胞的反應器（圖 1.22）。

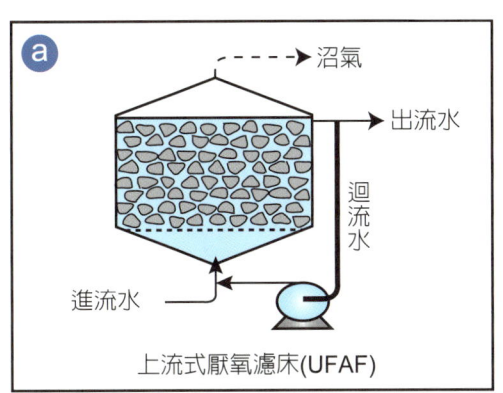

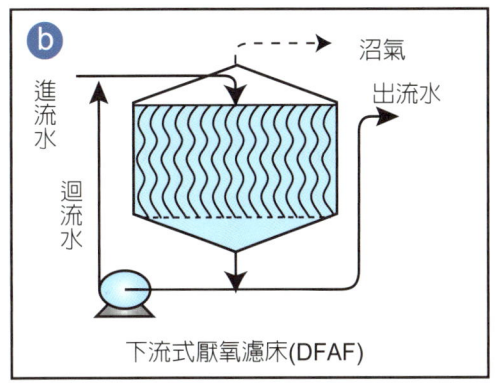

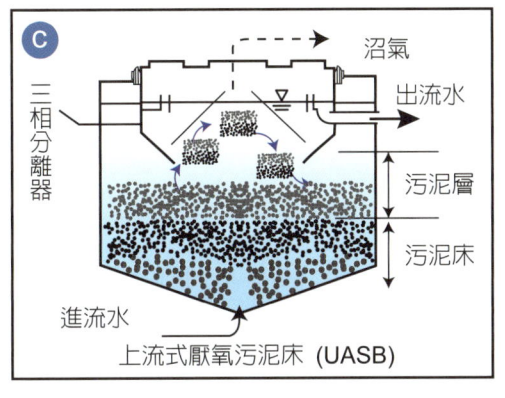

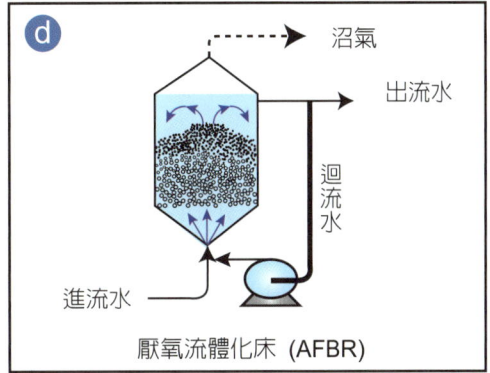

圖1.22 厭氧生物技之反應器架構

🎯 1-4-2 基本原理

廢水中的有機物可供作為微生物之食物複雜之有機物如碳水化合物、蛋白質、脂肪等，經由厭氧分解成簡單之穩定物質，如甲烷（CH_4）及二氧化碳（CO_2）。

反應過程如下：

葡萄糖酸化　　　　　　　　　　　　$C_6H_{12}O_6 \rightarrow 3\ CH_3COOH$
（由酸化菌促成）

長鏈脂肪酸之 β 氧化　　$C_{17}H_{35}COOH + 2\ H_2O \rightarrow C_{15}H_{31}COOH +$
（由產氰醋酸菌促成）　　　　　　　　　　　　　$CH_3COOH + 4[H]$

長鏈脂肪酸之 β 氧化　　$C_{15}H_{31}COOH + 2\ H_2O \rightarrow C_{13}H_{27}COOH +$
（由產氰醋酸菌促成）　　　　　　　　　　　　　$CH_3COOH + 4[H]$

乙醇之水解酸化（由酸化菌促成）	$C_2H_5OH + H_2O \rightarrow CH_3COOH + 4[H]$
甲硫胺酸之脫胺（由酸化菌促成）	$CH_3SCH_2CH_2CH(NH_2)COOH + H_2O \rightarrow CH_3SCH_3 + NH_3 + CH_3(CO)COOH$
CO_2 還原（由甲烷菌促成）	$CO_2 + 8[H] \rightarrow CH_4 + 2H_2O$
醋酸之分裂（由醋酸分裂甲烷菌促成）	$CH_3COOH \rightarrow CH_4 + CO_2$

厭氧消化過程分為兩個階段（圖1.23）：

$$C_nH_aO_b + \left(n - \frac{a}{4} - \frac{b}{2}\right)H_2O \rightarrow \left(\frac{n}{2} - \frac{a}{8} + \frac{b}{4}\right)CO_2 + \left(\frac{n}{2} + \frac{a}{8} - \frac{b}{4}\right)CH_4$$

- 酸性消化階段（液化）：酸形成菌將複雜的有機物水解發酵成簡單之有機酸。
- 鹼性消化階段（氣化）：甲烷形成菌再將有機酸轉化成甲烷及 CO_2。

有機物 + 酸形成菌 → 有機酸 + 甲烷形成菌 → CH_4+CO_2

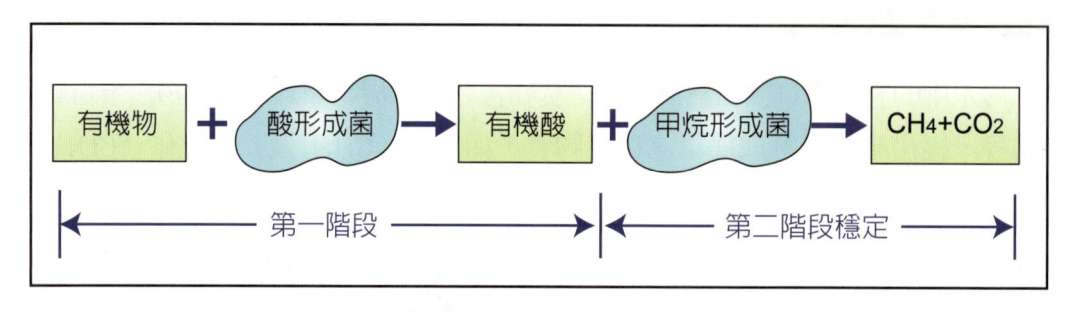

←─── 第一階段 ───→←─── 第二階段穩定 ───→

圖1.23　厭氧消化流程圖

1-4-3　影響消化的因素

為達最佳速率,必須控制影響消化反應的各項操作的環境因子,利用微生物之分解能力,來去除廢水中的有機污染物,因此如維持微生物之良好生存環境,使微生物在最佳狀態,是保證生物處理高效率的必要條件。

A.生物——物理因子

污泥停留時間（sludge retention time, SRT）　為厭氧消化之重要指標。在處理過程中,甲烷化為最後的階段,故為確保複雜有機物能有效轉化為甲烷和二氧化碳,必須有足夠的 SRT,為甲烷菌生長的重要因子。

攪拌（Mixing）　將營養物質送至細胞壁供作微生物營養源；將細胞壁排出之甲烷氣擴散至液相中,排出槽外。

溫度　甲烷生成菌為厭氧菌,對溫度和 pH 極為敏感。最適合甲烷菌進行厭氧消化之溫度操作範圍有兩個：一為中溫（30～38℃）；另一為高溫（50～60℃）。高溫消化可縮短消化日數、提高產氣速率,但在 30～38℃ 範圍內操作較為經濟。在 20℃ 左右,厭氧消化作用就受到抑制而停止反應。

B.化學因子

包括揮發酸、鹼度和 pH 值,是系統穩定的重要操作指標。揮發酸主要的成分為醋酸、丙酸和丁酸等有機酸,為厭氧消化過程之酸生成相的產物,也是甲烷化的先驅物質。但當揮發酸因不良操作而快速增加累積時,消化槽內若無足夠的鹼度以中和過量的揮發酸,將導致槽中 pH 值降低,造成消化槽逐漸酸化,最後使系統完全失敗。

C.營養物質

主要營養物質為氮和磷,這兩種元素和 C、H、O 為構成微生物細胞之主要元素,細胞平均有 12% N 及 2% P,而微生物生長約需 11% N 和 2% P。

微生物也需要一些微量元素以利其生長,如 Fe、Co、Mn、Mo、Ni 及 V 等,這些金屬元素常形成低溶解性的硫化物沈澱,被污泥中微生物吸收利用,但是這些金屬物質如果過量,反而會對微生物產生毒性。

D.毒性物質

會抑制細菌活動,造成厭氧消化操作失敗,所以應防止毒性物質進入消化槽。一般陽離子對厭氧微生物分解速率之影響較有機物質為大,最常見之抑制物質為無機性物質,如鹼性物質、鹼土金屬、重金屬、氨氮、硫化物及許多種類之有機化合物。

1-4-4 厭氧生物處理方法之優缺點

優點:

- 較低的生成作用,產生的污泥較少,一般為好氧法所產生污泥量的 1/3～1/5。
- 厭氣法產生的污泥通常含 11% 氮及 2% 磷。
- 不需曝氣,節省動力和電費。
- 產生具經濟價值之甲烷產物,通常去除 1 公斤 COD 在標準狀態下可產生 0.35 m^3 的甲烷。
- 長時間(8 至 12 個月)不供應有機物,厭氧菌呈休止態,不會破壞其品質。在短時間內(通常 1～3 天)可使其恢復正常機能。
- 反應槽中的微生物濃度可到 1%～3%。
- 可忍受衝擊(shock)性的高有機物負荷。

缺點:

- 起動(start up)時間較長。一旦出問題,也需較長的時間來復原,通常需 1 至 6 個月。
- 低濃度廢水使反應槽中的微生物不易維持高的濃度。處理低濃度的有機廢水較不經濟。
- 產生過氧化氫、硫醇(mercaptans)、有機酸及醛(aldehydes)等難聞且有腐蝕性之產物。
- 對一些抑制性及毒性物質敏感,如氧化劑(O_2、H_2O_2 及 Cl_2)、H_2S、HCN、SO_3。

A.厭氧生物處理──厭氧濾床法

厭氧濾床法於 1967 年由 McCarty 及 Young 提出，第一座大型厭氧濾床由 Celanese 公司建於 1977 年，以處理美國德州的石化廢水。

微生物附著在槽中的固定填料上相當牢固，故可維持高濃度微生物於反應槽中。

生物膜的厚度及在反應槽中的總量會受反應槽中水流的方向（上流或下流）及填料的性質所影響。

厭氣過濾的水流方向有向上流（upflow）及向下流（downflow）兩種。向上流型之主要優點為可以維持較高的微生物濃度，因為除了生物膜外，懸浮的微生物也會在填料間的空隙中生長。與向下流型比較，試車會比較快，且容積負荷亦較大。

B.厭氧生物處理──厭氧濾床法
優點：

- 不需污泥迴流即能得到很長的污泥停留時間（SRT），一般厭氧接觸法需迴流污泥，增加固液分離及迴流設備。一般厭氧濾床的 SRT 可大於 100 天、150 天，甚至 600 天，對於倍增世代時間較長的微生物而言，提供良好的棲息環境。
- 水力停留時間（HRT）可以縮短：厭氧濾床因有上述之優點，維持大量的微生物膜，故 HRT 在 0.5 天、1 天、2 天、3 天均可有很高的去除率。
- 微生物生長係數（Y）小，污泥消化完全，減少污泥處理費用。一般好氧系統，Y 值在 0.4～0.6 左右，視污染物組成及以 COD 或 BOD_5、VS 等表示法而有所差異，而厭氧濾床由於消化完全，其 Y 值在 0.01 以下，污泥產生量非常少，故在半年內或長時間不必清除污泥。
- 能忍受較大的負荷變化及溫度等環境變化。

缺點：

- 最大的缺點為濾床容易堵塞，只適於處理溶解性有機物廢水，若廢水含高濃度的懸浮固體必須先用前處理單元將懸浮固體去除後，才可將廢水以厭氧濾床法處理。

C.厭氧生物處理——厭氧濾床法

- **中美和石化公司的 PTA（pure terephthalic acis, 純對位麩酸）廢水處理實例**

此例曾贏得 1991 年美國 Kirkpatrick 化工成就獎，利用厭氣濾床法處理複雜且含飽和芳香酸的高強度工業廢水（COD＞10,000 mg/L）。

厭氣濾床反應槽內含許多槽架填充物供厭氣菌附著生長，進流水則由上而下進入反應槽。

一年的實場操作記錄顯示，進流水 COD 在 6,200～20,700 mg/L 時，厭氣槽處理水 COD 在 1,000～5,000 mg/L 間，去除率 80～90%（表 1.5）。

厭氣槽處理水經活性污泥再處理後，放流水 COD 可低至 150 mg/L 以下，SS 為 30 mg/L。厭氣反應槽產生的甲烷氣送至鍋爐作燃料。

此占地僅 1.2 公頃的處理設施，每日可處理 9,600 m³ 廢水，與相同規模的好氧處理程序比較，每年可以節省電力 1,000 萬美元以及燃料費 100 萬美元（1990 年），同時污泥排放量每年少了 1 萬噸（乾重），節省污泥處置費用約 200 萬美元。

A.厭氧生物處理——上流式厭氧污泥床法

上流式厭氧污泥床反應槽（upflow anaerobic sludge bed reactor, UASB）為 1980 年開發而性能優越的一種廢水處理法。

利用培養之粒狀生物污泥，靠其本身重力沈降作用及反應槽上方的沈降裝置，使生物在反應槽下方形成高濃度的污泥床，處理含固形物少而溶解性有機質高的工業廢水。

表 1.5　實場操作記錄顯示

進流水		去除率	反應槽			技術擁有者
流量 (m³/d)	COD (mg/L)	COD (%)	體積 (m³)	HRT (hr)	負荷 (kg COD/m³·d)	
9,600	13,500	85	10,000	48	6.5	Amoco

改良型的污泥床反應槽係利用類似斜管的塑膠填料，安裝在污泥床上方某特定高度，以促進固體分離、污泥沈降及污泥床的生物反應速率，並且減少污泥層（sludge blanket）高度，亦即減少反應槽高度。

　　一般型反應槽上方的沈降裝置可增設傾斜板，以截留細小固體物，增加SRT。

B.厭氧生物處理──UASB

反應槽構造　污泥床（sludge bed）部分：為主要反應區域，有極高濃度的微生物與廢水基質接觸，產生大量氣體以攪動污泥，部分上浮進入污泥層中。

　　污泥層（sludge blanket）部分：為污泥濃度漸變段，亦為排出污泥的緩衝段，具有污泥膠羽化，但作用不大。

　　氣固液三相分離器（three phase separator）部分：固體顆粒碰撞斜板造成迴流，並以漏斗收集氣體。

　　沈降區（settler）部分：主要在固液分離，沈降並迴流活性生物污泥，避免污泥流失。

改良型 UASB　利用類似傾斜管（非傾斜板，亦非傾斜管）之特殊構造塑膠填料，安裝在污泥床上方的某特定高度上，填料本身具有均勻分布水流，使氣泡污泥分離及讓污泥沈降及迴流至污泥床的作用（附著污泥的作用很小，非主要功能），如圖 1.24。

　　優點：
- 提高固體和氣體的分離效率。
- 增加污泥沈降及迴流的效率。
- 提高生物污泥的反應速率。
- 減少反應槽的高度。
- 省略一般型反應槽上方複雜的沈降裝置。
- 附有安全單元（security unit）兼具淨化功能（polishing），使整個處理系統更加安全可靠。

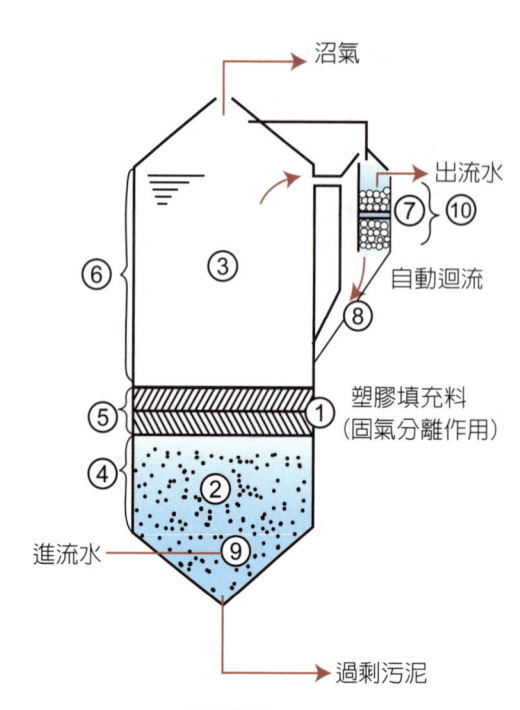

圖中標示：
沼氣
出流水
自動迴流
塑膠填充料（固氣分離作用）
進流水
過剩污泥

(1) 固體氣體分離器 (separator)
(2) 污泥床 (sludge bed)
(3) 污泥層 (sludge blanket)
(4) 污泥床高度
(5) 分離器高度
(6) 污泥層高度
(7) 生物濾器 (biofilter)
(8) 自動迴流裝置
(9) 進流水入口分布及檔板
(10) 生物濾器高度

圖1.24 改良型厭氧污泥床反應槽之結構示意圖

C. 厭氧生物處理──厭氧流體化床反應器（AFBR）

在槽內填充適當大小之介質，以為微生物附著生長，並利用循環泵迴流出流水，使得反應槽中之污泥顆粒成為浮動狀態，於厭氧或好氧狀況下，藉由大群污泥顆粒床體來消化廢水中之有機物。

反應槽中介質作為污泥（微生物）附著之擔體，因流體化床接觸比表面積較高，且反應槽之污泥量（微生物）多，故反應效率高。當有機負荷量降低到適當之範圍時，再以後段好氧性生物反應槽再行處理，以達放流水標準；如為中、低濃度有機廢水，則可以單段厭氧流體化床反應槽處理。

將出流水快速迴流至反應槽，可提高反應效率，處理有機物體積負荷量可高達 40 kgCOD/m^3-day 以上，但也因反應槽流體化之特性，對於廢水中之懸浮固體物無任何滯留效用，且水力停留時間短，對於懸浮固體物之消化效率有限。

D. 厭氧生物處理──厭氧流體化床反應器（AFBR）

優點：
- 活性生物濃度高，可縮短生物反應時間。

- 減少反應槽體積及用地面積,大幅降低初期投資費用。
- 具高活性生物濃度,對於突增負荷或溫度改變所產生之影響較少。
- 對於已達負荷之廢水處理廠,其處理容量的擴充較方便。
- 生物流體化床之水頭損失較滴濾池法為小。

缺點:
- 需要一相當均勻的水流分散設備。
- 技術經驗較缺乏,設計與建造均較困難。
- 操作管理需要較高的技術。
- 迴流率大,動力需求較大。
- 停俥時生物會略受損害,需一段時間才能恢復。
- 生物膜生長速率慢,啟動時間長。

厭氧反應系統比較

厭氧生物流體化反應槽、上流式厭氧污泥床反應槽及活性污泥法比較(見表 1.6)。

表1.6 厭氧反應系統比較

	厭氧流體化床	UASB	活性污泥法
有機負荷 kg COD/(m^3.day)	20～40	10～30	0.5～1.0
土地需求比例	1	2～13	50～1,000
供氧動力需求 kWh/kg BOD	0	0	1
迴流動力需求 kWh/kg BOD	～0.6	～0.2	～0.05
污泥產生率 kg VSS/kg BOD	＜0.1	＜0.1	＜0.5
甲烷產生量 Nm^3/kg COD	＜0.35	＜0.35	-
BOD 去除率 (%)	80～95	80～95	70～85
污泥濃度 (kg/m^3)	0.5～40	0.4～30	1.5～3.0

1-5 其他技術介紹

1-5-1 穩定塘

利用微生物及較低等的植物（藻類）與動物處理廢水，因此生物成員為主要的處理機制藻類的存在影響廢水穩定塘系統處理效能及處理水質。

A. 穩定塘的廢水處理機制

穩定塘中富含各種細菌、真菌、微型動物、水生植物和其他類型的微生物，它們主要在以下 6 個方面對污水產生淨化作用：(1) 稀釋作用；(2) 沈澱和絮凝作用；(3) 好氧生物的代謝作用；(4) 厭氧生物的代謝作用；(5) 浮游生物的作用；(6) 水生維管束植物的作用（水生植物還能為塘水提供溶解氧）。

B. 穩定塘的類型

(1) 好氧穩定塘；(2) 厭氧穩定塘；(3) 兼性穩定塘；(4) 曝氣穩定塘；(5) 深度處理塘。

C. 穩定塘占地面積大的解決辦法

解決水力停留時間的問題是解決穩定塘占地面積大這一問題的關鍵。污水在穩定塘內的停留時間主要取決於污染物去除率和有機物的降解速率常數。因此，可採用人工曝氣裝置向塘內污水供氧，同時設置人工製造的附著生長介質。可以延長塘內生物鏈結構，增加微生物數量，提高對有機污染物的分解速率，大大減少水力停留時間，從而減少占地。另外，它還有減少污泥生成，提高耐衝擊負荷的作用。

D. 有害物質在穩定塘中的轉化

進入穩定塘的有害物質主要包括合成有機物和重金屬離子。它們在一定的環境條件下會發生轉化，被穩定塘生態系統所降解或去除。在適宜的環境條件下，可使重金屬離子富集，降低水中的重金屬離子濃度。此外，重金屬離子還能與其他化合物形成螯合物而沈澱在塘底。但是，穩定塘對於有害物質的去除是有限制的，如果水中有害物質的濃度過高，將危害水中生物的生理活動，甚至使穩定塘的淨化功能遭到破壞。因此，對含有有害物質和重金屬離子的廢水

應嚴格控制。水深在 2.4～4.5 m 以上的是厭氧塘；水深在 0.9～1.8 m 之間的是兼性塘，即有厭氧作用，也有一定的好氧作用；水深在 0.9～1.2 m 以下的是氧化塘，具有一定的降解有機污染物的能力，而且運行費用非常低，但是占地面積大，只有在若干特殊的地點才能採用。

無論什麼類型的穩定塘，都必須經過專門的計算、設計和科學論證（圖 1.25）。

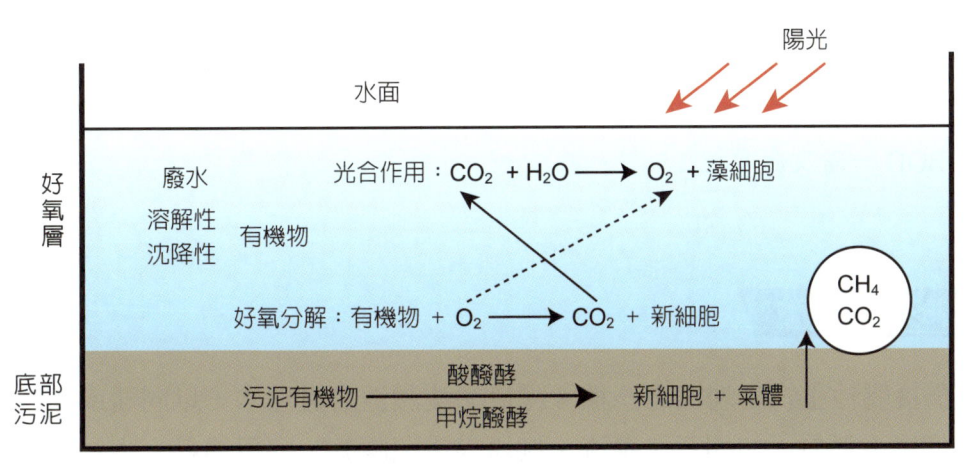

圖1.25 穩定塘總反應示意圖

1. BOD 去除率（考量好氧性氧化塘，假設基質去除為一階反應）

$$\frac{S}{S_0} = \frac{1}{1+K \cdot t} = \frac{1}{1+K \cdot (V/Q)}$$

S ：放流 BOD (mg/L)
S_0：進流 BOD (mg/L)
K ：一階反應常數，0.2～1 (d^{-1})
t ：停留時間 (d)

2. 溫度效應

$$T_i - T_w = \frac{(T_w - T_a) f \cdot A}{Q}$$

$\Rightarrow T_i \cdot Q - T_w \cdot Q = T_w \cdot f \cdot A - T_a \cdot f \cdot A$
$\Rightarrow T_w (Q + f \cdot A) = T_i \cdot Q + T_a \cdot f \cdot A$
$\Rightarrow T_w = \dfrac{T_i \cdot Q + T_a \cdot f \cdot A}{Q + f \cdot A}$

T_i：進流溫度（℃）
T_w：氧化塘中水溫（℃）
T_a：大氣溫度（℃）
f ：係數，0.5
A ：表面積（m^2）
Q ：污水流量

測驗1.6 欲將好氧曝氣氧化塘表面積由 1,000 m^2 降至 5,000 m^2 時之效率？已知：Q=5,000 cmd，f=0.5，T_i=40℃，θ（溫度係數）=1.06，停留時間 t=5 天，20℃ BOD 一階反應常數 $2.5d^{-1}$。

1-5-2 滴濾池

為接觸性生物處理法之一種，經最初沈澱池之處理水，以間斷或連續散水方式通過濾料層（如卵石、礦渣、無煙煤或塑膠），利用濾料上生長之微生物膜氧化分解下水中之有機物，吸附、氧化分解為穩定化合物，而生物膜連續或間斷剝落後，最終進入沈澱池沈殿分離污泥之處理方法。

A.滴濾池之作用原理

當排放水散布在濾床時，微生物則利用空氣中之氧氣及排放水中之有機物質，在碎石表面形成膠狀膜，此膜稱為生物膜，這些微生物吸收有機物，放出二氧化碳、水及含氮化合物，而使水中之有機物大量去除，處理水可以再循環利用；此外，微生物量增加致使生物膜變厚（無機殖即無法分解有機物被生物膜吸附於表面）。生物膜變厚，內部缺乏氧氣及營養物發生厭氧；生物死亡及生物膜脫落（表 1.7）。

表1.7 濾池參數表

參數	低速率濾池	中速率濾池	高速率濾池	超高速率濾池	粗濾池
水力負荷 $m^3/m^2 \cdot d$	1～4	4～10	10～40	15～90	60～180
有機負荷 g $BOD_5/m^2 \cdot d$ g $BOD_5/m^3 \cdot d$	22～112 80～400	78～156 240～480	112～145 400～4,800	高至 4,800	1,600
回流	少	常是	總是	常是	不需要
濾池蠅	多	不等	不等	少	少
脫膜	中等	可變	連續	連續	連續
濾池高度（英尺）	6～8	6～8	3～8	高達 40	3～20
BOD_5 去除率（％）	80～85	50～70	65～80	65～85	40～65
淨化深度	完全硝化	部分硝化	部分硝化	有限硝化	無硝化

B. 標準滴濾池及高率滴濾池

操作因子 散水負荷：每日散水於濾池之總水量除以濾池表面積。

1. BOD 負荷量

$$L_V = \frac{QS_o + RQS_e}{V} \times 10^{-3} \, kg/m^3 \cdot d \qquad <0.3 kg/m^3 \cdot d \text{ 為原則} \rightarrow \text{標準}$$

$$>1.2 kg/m^3 \cdot d \text{ 為原則} \rightarrow \text{標準}$$

Q：下水量（m^3/d）

S_o：下水 BOD（mg/L）

R：循環水量

S_e：循環水 BOD（mg/L）

V：濾池體積（m^3）

滴濾池 BOD 之去除與生物膜表面積、廢水量及生物接觸時間有關。

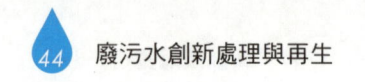

2. 停留時間

$$t = \frac{CD}{Q^n}$$

D：濾床之深度

Q：水力負荷（$\frac{Vol}{Area \cdot time}$）

C, n：常數與濾料比表面積及形狀有關

n：(0.5)　ft^3/ft^3

C = C' · A$_v^m$

A$_v$：比表面積 m^3/m^3 或 ft^3/ft^3，最好小於 98 m^3/m^3(30 ft^3/ft^3)

C' ～ 0.7，m ～ 0.75，因濾材不同而異

測驗1.7　滴濾池直徑 35 m，深度 1.5 m，進水污水量 10,000 CMD，BOD = 200 mg/L，K$_{20℃}$ = 1.9/day，n = 0.33，計算 (1) 放流水 BOD，(2) 操作溫度 25℃，放流水 BOD 為何（θ = 1.035）？

3. 求滴濾池出流水濃度（經驗公式）

　　L = S（末端濃度）

　　L$_o$ = S$_o$（初始濃度）

　　S > 出流水 BOD 之濃度

　　S$_o$ → 流入滴濾池之 BOD 濃度

　　L = L$_o$ = 出流水 exp = ($-K \cdot \frac{CD}{Q^n}$)　　另以　　S = S$_o$ exp ($-K \cdot \frac{CD}{Q^n}$)

　　流入滴濾池之 BOD 濃度

　　溫度較正以 K' = KC = KC' A$_v^m$

　　K'$_{(p)^2}$ = K'$_{(20)}$ · θ$^{(T-20)}$

4. 求 BOD 降解 (經驗公式)

L（末端濃度）

L$_o$（初始濃度）

$$\frac{dL}{dt} = -KL$$

$$L：L_o \exp(-Kt) \cdots\cdots\cdots\cdots(a)$$

$$y_5：L_o[1-\exp(-K \cdot 5)]\cdots(b)$$

（經上式 (a) 提出 L 移項，可求得 (b) 五日後的濃度）

測驗 1.8 廢水量 Q=200 CHD，BOD=600 mg/L，利用二段滴濾池，假設 $E_1=E_2$，假設濾池深 2 m，迴流比 2，如何使得放流水能達到 BOD=50 mg/L？

1-5-3 旋轉生物盤法

旋轉生物盤之構築經由長年來的研究改善，已改由圓形塑膠材料的薄板組合而成，其直徑約 3.6 公尺，這些圓盤被固定在一根水平的轉軸上，轉軸的長度約為 7.5 公尺，圓盤間需要有適當的間隔，圓盤的周圍附有一些 PE 材料所構成的空氣杯，可用來承受曝氣孔所散出的空氣泡。氣體控制閥為一種蝶閥，用來控制氣體進流量，空氣導管沿著圓盤的長度配置，將氣體導入各曝氣單元，由空氣導管支架安穩地置於槽內地板上，因而氣泡可由空氣導管傳至圓盤的空氣杯上；整個旋轉生物盤再由驅動馬達帶動，一般旋轉盤的表面積約有 40% 浸於排放水中，當圓盤開始旋轉，隨著圓盤的轉動由廢水中轉入空氣中，圓盤上將形成生物膜，以達排放水處理的目的。

A. 旋轉生物圓盤法之作用原理

旋轉生物圓盤經操作一段時間後，圓盤上將形成一層生物膜，每當轉盤旋出水面時，盤上將帶上一層水膜，由於位居空氣中，使水膜的溶氧迅速增加，生物膜上之微生物在高濃度溶氧下，逐漸將有機物分解，但當轉盤進入水槽後，生物膜內層溶氧被耗用殆盡，有機物質由於不斷滲入而相對地提高，如此

反覆作用，水中有機物的濃度則逐漸減少，此為利用轉盤上好氧性生物膜去除有機物的原理。

B.RBC 設計

生物旋轉盤

$$\frac{Q}{A}(S_o - S) = K\frac{S}{S_o}$$

Q：流量
A：表面積
S_o：進流水基質濃度
S：出流水基質濃度

多段式效率

$$\frac{S}{S_o} = (\frac{1}{1+KA/Q})^n$$

n：串連之段數

散水強度

$$L_S = (Q+R)/A$$

L_S：散水負荷 $(m^3/m^3 \cdot d)$
A：濾池表面積 (m^3)
一般 1～3 $m^3/m^3 \cdot d$ →標準

1. 液量面積比（G 值，L/m^2）
   RBC 實際容量 $V(m^3)$，與盤微生物附著面積 $A(m^2)$ 之比

$$G = \frac{V}{A} \times 10^3 (\frac{L}{m^2})　一般 5～9$$

2. BOD 面積負荷　B.L. $(g\ BOD/m^2 \cdot d)$

$$B.L. = \frac{Q \cdot S_0}{A} \times 10^3\ (g\ BOD/m^2 \cdot d)$$

Q：處量水量 (m^3/d)
S_0：流入 BOD (mg/L)

A：圓盤總表面積 (m²)

3. 水量負荷 H.L. (L/m² · d)

$$H.L. = \frac{Q}{A} \times 10^3 \,(L/m^2 \cdot d)$$

測驗1.9 BOD 200 mg/L，污水 Q 500 CMD，以 RBC 處理，若直徑 3.5 m、圓盤 250 片。求 (1) B.L.（BOD 面積負）及 H.L.（流量負荷）？(2) 若液量面積比 G=6.5 L/m²，則反應槽體積及停留時間（D.T.）、圓盤浸水率（與污水接觸直徑浸水之深度比）為何？

1-5-4 人工濕地之自然淨化工法

濕地指的是陸與水交接的地帶。「自然淨化系統」乃利用自然生態的淨化機制與生物成員（微生物及水生植物），在人為的控制下強化其污染物的去除能力，達到廢污水處裡的目標，屬於水污染防治科技上之綠色整治工法。

根據行政院環境保護署水質自然淨化工法操作維護彙編，自然淨化系統可以系統介質之不同區分為「土地處理系統」及「水生處理系統」二大類；土地處理系統可再細分為「地表漫流系統」、「慢速滲濾系統」、「快速滲濾系統」、「地下滲濾系統」，而水生處理系統可再細分為「濕地處理系統」、「水生植物系統」。

環保署基於上述系統互相作用及自然淨化方法之應用原理，也建立了一套分類方式，其主要工法如下：

1. 植生處理法（Plant Treatment）：其內容包括濕地處理系統（表面、地下）、水生植物處理系統、草溝、人工浮島等。
2. 土壤處理法（Soil Treatment）：其應用又依散水式之不同細分為兩類灌溉處理：其內容包括快滲、慢滲、漫地流等、地下滲濾。
3. 接觸氧化法（Contact Oxidation Treatment）：其內容包括礫間接觸、填充濾材等。
4. 其他：曝氣氧化塘法、直接曝氣法等。

上述所謂的人工濕地系統（constructed wetland），係以工程方式構築溝渠並種植水生植物後，將污水引入濕地可利用水中微生物之代謝、沈澱、吸附等物理、化學及生物作用去除水中污染物（圖 1.26）。分為兩大類：自由表面流式（free water surface flow constructed wetland），以及潛流式濕地（subsurface flow system constructed wetland）。若依水生植物生長型態做分類，可將表面流人工濕地分為挺水型、漂浮型、沈水型（表 1.8）。一般挺水型植物對環境的耐受性較高，故常出現於表面流式濕地。

　　濕地生態系的功能與貢獻：
1. 洪水氾濫的控制（調節水量）
2. 處理污水、淨化水質
3. 涵養水源、防止地層下陷
4. 削減自然對海岸地帶的侵襲
5. 減緩氣候變遷、調節氣候
6. 沈積物、營養鹽之保存
7. 水生動植物生育地、生物多樣性保存庫
8. 文化、教育、遊憩、研究價值

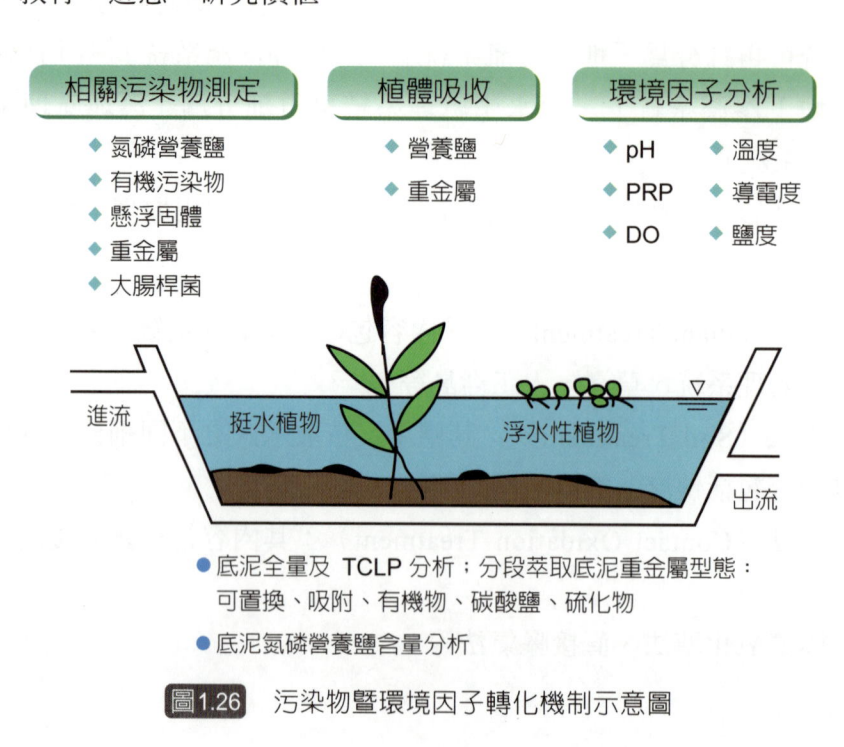

相關污染物測定
- 氮磷營養鹽
- 有機污染物
- 懸浮固體
- 重金屬
- 大腸桿菌

植體吸收
- 營養鹽
- 重金屬

環境因子分析
- pH
- PRP
- DO
- 溫度
- 導電度
- 鹽度

- 底泥全量及 TCLP 分析；分段萃取底泥重金屬型態：可置換、吸附、有機物、碳酸鹽、硫化物
- 底泥氮磷營養鹽含量分析

圖 1.26　污染物暨環境因子轉化機制示意圖

表1.8　人工濕地的去除機制（Tchobanoglous, 1993）

過程	內容
細菌轉化（Bacterial conversion）	經細菌轉化（好氧或厭氧）是分解排入濕地中的污染物最主要的過程，在水質管理中應用細菌轉化對碳 BOD 與氮 BOD 的處理是最典型的例子。在好氧的條件下有機物消耗氧氣而被轉化的過程也稱為脫氧作用（deoxygenation）
氣體吸收/脫附（Gasabsorption / desorption）	此將氣體被攝入液體中的過程稱為 absorption，例如具有自由水面的水體當其中的溶氧低於飽和溶氧值時，由氣液介面進入水中的溶氧便會多於由水中釋放的氧，此過程稱為再曝氣。反之則稱為脫附（desorption）
澱（Sedimentation）	指排入的懸浮固體物最終沈降至底部，沈澱的作用會因膠凝而加強，因擾動而被妨礙。某些濕地擾動的情形會在任何水深中發生
吸附（Adsorption）	當污水中的有毒化學物質與懸浮固體結合、吸附在顆粒上，並且會降低原有的毒性，而隨著懸浮固體沈降。吸附是處理磷酸鹽及金屬在濕地中的重要機制
自然衰減（Natural decay）	在許多不同環境因素的作用下，污染物會在自然的條件下產生衰減，包括戲劇的死亡、有機物的光解、氧化作用等等。自然衰減通常為一階反應動力學
揮發（Volatilization）	液體與固體可藉由水體表面所蒸發的機制逸散至大氣。易於揮發的有機物被稱作揮發性有機物 VOCs（Volatile Organic Compounds）。其作用與氣體吸收脫附類似，但差別在於 VOCs 並非只限於水體中
化學反應（Chemical reactions）	濕地中重要的化學反應。包括：水解、光化學與氧化還原反應

1-6 污泥處理

臺灣每年產生近 500 萬噸污泥,每年總量增加約 20%,僅少部分(<15%)進行焚燒或農業用途,大部分仍採掩埋方式,對生態環境造成嚴重影響;現有掩埋場空間不足,且無新設掩埋場(導致污泥清運費逐年增加,且未來可能無處可去);另外焚化,污泥含水量太高,所需輔助燃料量太多,且容易產生有害衍生物。當前污泥產量逐年增加、污泥處理法規日趨嚴格、污泥棄置成本逐漸提高、污泥廢棄物後續處置問題,而一旦掌握污泥減量技術就意謂著掌握未來市場前瞻性。目前,污泥處理的關鍵問題在於,現有污泥脫水機僅能將生物污泥含水率降至 80%(細胞內水分無法有效移),因此迫切尋求有效解決方案。有鑑於目前污泥處理法規日趨嚴格、污泥棄置成本逐漸提高,為緩解污泥產量和污泥處理能力滯後的矛盾,一系列政策、規劃需明朗化,產業化和市場化須立即啟動,污泥處理應朝資源化與再利用解決。

在污泥處理方面分為四個部分:1.污泥種類與來源:砂礫、浮渣、初級污泥、生物污泥等;2.污泥特性與產量:比重、污泥濃度、沈降性、水分、電荷、熱值、其他經濟價值等;3.污泥處理流程及單元:濃縮、消化、乾燥、輸送、烘乾焚化、堆肥、最終處置等。

1-6-1 污泥種類與來源

A. 污泥處理主要目的

減少污泥內之水分含量。污泥中絕大比例為水分,由圖 1.27 污泥含水率與重量之關係,可知污泥從 99% 含水率脫水成 80% 含水率之泥餅,泥餅重量僅為污泥重量之 5%。

減少污泥中有機成分。使污泥更為安定,使其污泥符合衛生,減低臭味之產生,如有機污泥尤為重要。

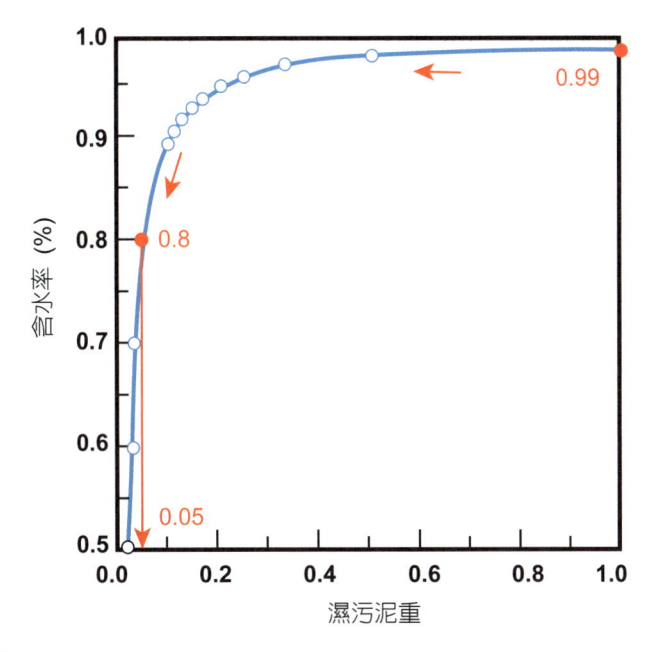

圖1.27 污泥含水率與重量之關係（以含水率 99% 之污泥重為基準）

B.污泥種類

污泥依產生方式，可概分為數種，圖 1.28 標示出典型廢污水處理廠各單元所產生之污泥與種類。

1. 浮渣：廢水中可沈降或上浮之固體。
2. 有機污泥：生物處理過程中微生物分解廢水中有機物所生成之生物污泥。
3. 無機污泥：廢水中加入化學混凝藥劑或沈降性藥劑將膠體或懸浮固體凝聚而成之混凝污泥或沈澱物，一般常使用之化學藥劑有鐵鹽、鋁鹽或石灰。

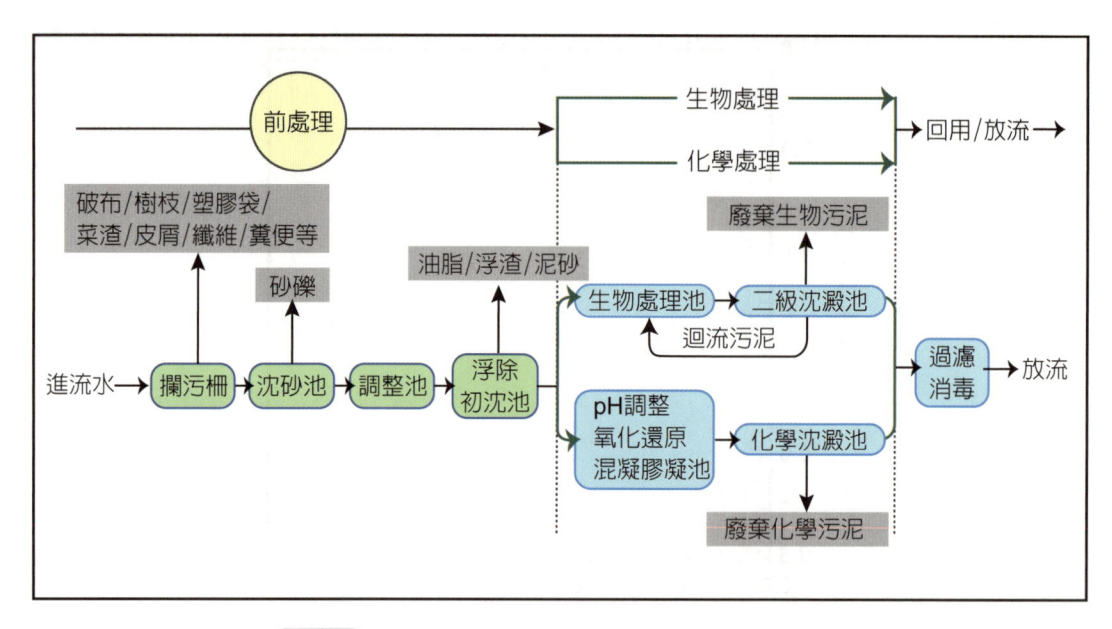

圖1.28 典型廢污水處理廠污泥產生來源及種類

C.污泥來源

污泥之來源隨著廢水特性、處理方法及操作方式而異；一般廢水處理程序中，以初級沈澱池、化學沈澱池、活性污泥法、滴濾池法、二級沈澱池及消化槽等為污泥主要來源。表 1.9 所示為一般廢水處理程序之固體物及污泥之來源。

表1.9 傳統廢水處理之固體物及污泥來源

單元	形式	說明
篩除	粗大固體	藉由機械方式去除；小規模廢水廠將篩除物磨碎利於後續處理
沈砂	砂礫及浮渣	沈砂單元通常略去浮渣去除設備
預先曝氣	砂礫及浮渣	前端若無沈砂單元，則砂礫會在此單元沈積
初級沈澱	初級污泥及浮渣	數量依收集系統與工廠廢棄物是否排入而定
生物反應槽	生物污泥	由微生物轉化水中 BOD 產生，其廢棄污泥需進一步濃縮
二級沈澱	二級污泥及浮渣	可考慮加裝浮渣去除設備
污泥處理設備	污泥及灰分	最終產物依污泥特性與處理單元而異，此部分之法令規範日趨嚴格

1-6-2 污泥特性與產量

A. 污泥特性與產量

為正確設計污泥處理單元及操作控制過程,尤須了解污泥特性,一般而言,污泥性質乃隨來源不同、放置時間長短及處理程序而有所變化。就其污泥特性,下列分別依物理性質、化學性質及生物性質闡述。

物理性質 分為 (1) 比重；(2) 污泥濃度；(3) 沈降性；(4) 顆粒大小；(5) 水分型態；及 (6) 流動性。

(1) 比重

通常污泥含水率極高,因此比重略大於 1,且與水之比重接近。其比重可利用混合物之混合比重求出,如污泥係由總固體物(total solid, TS)與水組成。其中,總固體物以 550℃ 時揮發與否可區分為固定性固體(fixed solid, FS)與揮發性固體(volatile solid, VS),因此總固體物比重及一般廢水操作產生表 1.10 之污泥如下:

$$\frac{1}{S_{TS}} = \frac{w_{FS}}{S_{FS}} + \frac{w_{VS}}{S_{VS}}$$

式中:

- S ：污泥比重
- S_{TS} ：固體物比重
- w_{H_2O} ：污泥含水率
- w_{TS} ：總固體物占污泥之重量百分率 = 100% − 含水率 (%)
- w_{FS} ：固定性固體(FS)占總固體物之重量比率
- w_{VS} ：揮發性固體(VS)占總固體物之重量比率
- S_{H_2O} ：水比重 = 1.0
- S_{FS} ：固定性固體(FS)之比重,一般而言為 2.5

測驗1.10 　如今一污泥經消化後含水率為 96.5%，消化污泥中固體物有 2/3 為固定性，剩餘者為揮發性，固體物之比重根據公式計算如下：

$1/S_{TS} = (2/3) \div 2.5 + (1/3) \div 1.0$

$S_{TS} = 1.67$

污泥之比重根據公式計算如下：

$1/S = (3.5\%) \div 1.67 + (96.5\%) \div 1.0$

$S = 1.014$

表 1.10 列出一般常見廢水處理單元或程序中所產出之污泥與固體物之比重。

表1.10　一般廢水處理操作中污泥之物理特性

污泥產生之單元或流程	比重 總固體物	比重 污泥
初級沈澱	1.40	1.02
活性污泥（廢棄污泥）	1.25	1.005
滴濾池（廢棄污泥）	1.45	1.025
延長曝氣	1.30	1.015
氧化塘	1.30	1.01
過濾	1.20	1.005
藻類移除	1.20	1.005
化學沈降法除磷		
石灰劑量 350～500 mg/L	1.90	1.04
石灰劑量 800～1,600 mg/L	2.20	1.05
脫硝（懸浮生長）	1.20	1.005

(2) 污泥濃度

污泥濃度係指污泥中總固體物之濃度，而其中總固體物之組成可以細分為兩種。一為以揮發成分區分：以 550°C 將固體物中揮發成分分離，分為固定性固體（FS）與揮發性固體（VS）；二為以可通過濾紙區分：通過濾紙為溶解性固體（dissolved solid, DS）與非可濾性固體或懸浮固體（suspended solid, SS）。如圖 1.29 所示。

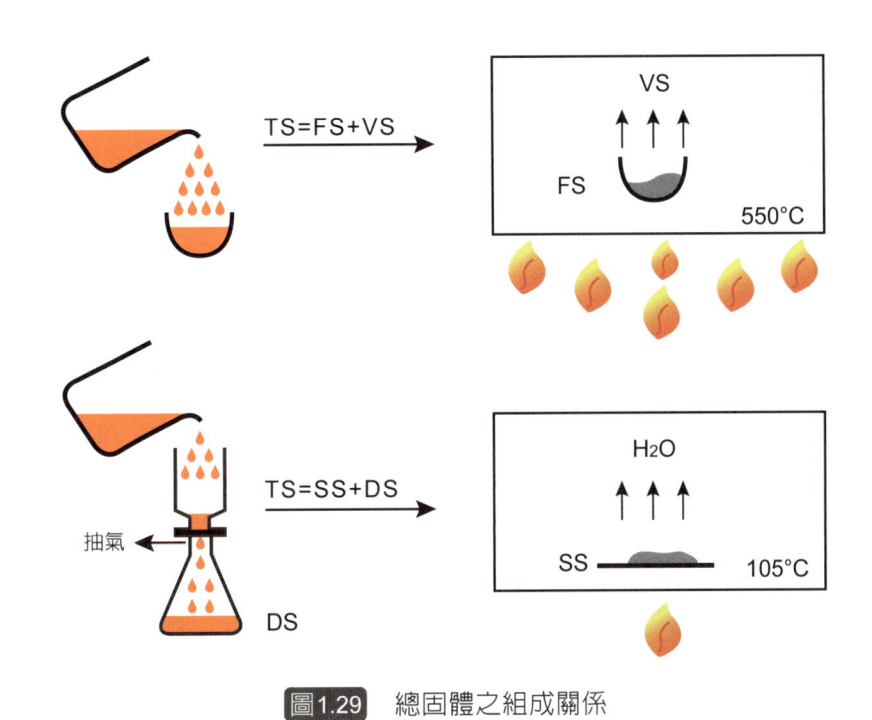

圖1.29 總固體之組成關係

一般而言，消化污泥中總固體物減少率約為 60%，其污泥濃度大約為 4～10%。採用好氧消化時，投入污泥濃度過高，會不容易曝氣，而導致消化效率降低。因此控制投入污泥濃度低於 1.5%，將可獲致較快之消化速度與較佳之沈降性。表 1.11 列出不同廢水處理程序或單元所產出污泥之濃度。

表1.11　典型活性污泥之水分分布

水分型態	體積百分比(%)	說明
間隙水（自由水）	75	不以任何型態與污泥固體物附著或結合之水，且能用重力沈澱分離者
毛細管結合水	20	污泥粒子間微小間距內，因毛細現象保有之水分，需藉壓密或機械脫水始可去除
內部水	2.5	生物污泥為其微生物體內之細胞液，其他污泥則為水分與其顆粒有穩定鍵結者，故需將粒子破壞可排出水分
表面附著水	2	附著於污泥表面之一層水膜，需藉化學調理並配合機械脫水始能分離
固體物	0.5	

(3) 沈降性

污泥之沈降性表示處理水與污泥之分離程度，污泥沈降性好，代表處理水與污泥可分離良好。反之，則不然。污泥之沈降性指標以污泥容積指標（sludge volume index, SVI）表之。SVI（mL/g）指污泥在 1 L 圓筒靜置 30 分鐘，污泥體積（mL）與混合液懸浮固體濃度之比值。以標準活性污泥法之 SVI 範圍介於 50～150 mL/g，在此範圍內係表示污泥沈降性良好，SVI 過高，表示污泥有膨化（bulking）之虞。

(4) 顆粒大小

污泥顆粒大小及形狀依處理程序有很大之變化。一般而言，污泥之顆粒小對消化有利，但較不易脫水。

(5) 水分型態

廢水處理所產生之污泥，一般偏親水性，含水量相當高。污泥中所含水分主要以間隙水（自由水）、毛細管結合水、表面附著水及內部水之形態存在。如表 1.11 與圖 1.30 所示。

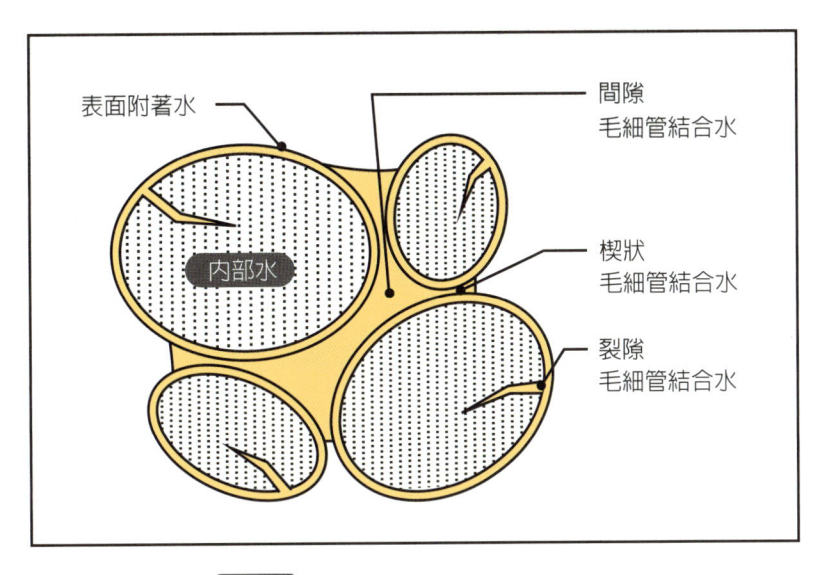

圖1.30 污泥中結合水之存在狀態

其含水率通常以百分比（%）表之，污泥含水率依：① 排泥方法、② 剩餘污泥混合物、③ 污泥固體物之粒徑分布、④ 固體物之有機成分比等而不同。污泥粒徑小，有機成分高者，含水率亦高。一般初沈污泥含水率約 96～99%，剩餘污泥含水率 99～99.5%，混合污泥含水率則為 97～99%。表 1.12 中所列出生活污水處理各項單元所產生之污泥，其對應之含水率即為 100%──污泥濃度（%）。

(6) 流動性

污泥之流動性可以黏滯性表示，其隨溫度改變，溫度越高，黏滯性越低。

化學性質 分為燃料價值、肥料價值與電荷。

(1) 燃料價值

因污泥中含有高濃度之有機物，故具有燃料價值。以未處理初級污泥而言，乾污泥之熱值約為 6,000 kcal/kg，相較於燃料煤熱值 6,400 kcal/kg 已相當接近，但因污泥含水率極高，揮發性只占小部分。以污泥濃度 5% 之濕污泥而言，其熱值僅約 300 kcal/kg，因此濕污泥燃燒時常需另加輔助燃料。

因污泥中含有高濃度之有機物，故具有燃料價值。

(2) 肥料價值

以未處理初級污泥而言，其中所含之氮（N＝2.5% TS）、磷（P_2O_5＝1.6% TS）、鉀（K_2O＝0.4% TS），具有肥料特性。若污泥中含有重金屬或有毒物質

表1.12　一般生活污水處理中所產出之污泥濃度

處理單元或流程	污泥濃度（%）範圍	典型值
初級沈澱單元		
僅初級沈澱	4.0 ~ 10.0	5.0
初級沈澱與廢棄活性污泥（少量）	3.0 ~ 8.0	4.0
初級沈澱與滴濾池污泥	4.0 ~ 10.0	5.0
初級沈澱與鐵鹽之化學沈降法除磷	0.5 ~ 3.0	2.0
初級沈澱與低劑量石灰之化學沈降法除磷	2.0 ~ 8.0	4.0
初級沈澱與高劑量石灰之化學沈降法除磷	4.0 ~ 16.0	10.0
浮渣	3.0 ~ 10.0	5.0
二級沈澱單元		
活性污泥		
僅廢棄活性污泥	0.8 ~ 2.5	1.3
廢棄活性污泥與初級沈澱污泥（少量）	0.5 ~ 1.5	0.8
高純氧活性污泥		
僅廢棄高純氧活性污泥	1.4 ~ 4.0	2.5
廢棄高純氧活性污泥與初級沈澱污泥	1.3 ~ 3.0	2.0
滴濾池污泥	1.0 ~ 3.0	1.5
旋轉生物盤污泥	1.0 ~ 3.0	1.5
重力濃縮單元		
僅初級沈澱	5.0 ~ 10.0	8.0
初級沈澱與廢棄活性污泥(少量)	2.0 ~ 8.0	4.0
初級沈澱與滴濾池污泥	4.0 ~ 9.0	5.0
加壓浮除法		
廢棄活性污泥無加藥處理	3.0 ~ 5.0	4.0
廢棄活性污泥有加藥處理	4.0 ~ 6.0	5.0
離心脫水廢棄活性污泥	4.0 ~ 8.0	5.0
帶濾式脫水廢棄活性污泥有加藥處理	3.0 ~ 6.0	5.0
厭氧消化		
僅初級沈澱	5.0 ~ 10.0	7.0
初級沈澱與廢棄活性污泥	2.5 ~ 7.0	3.5
初級沈澱與滴濾池污泥	3.0 ~ 8.0	4.0
好氧消化		
僅初級沈澱	2.5 ~ 7.0	3.5
初級沈澱與廢棄活性污泥	1.5 ~ 4.0	2.5
僅廢棄活性污泥	0.8 ~ 2.5	1.3

時，則不適宜作肥料使用。

(3) 電荷

污泥之界達電位（zeta potential）可作為污泥調理時加藥量之指標。

生物性質　生物污泥其中常含有高量微生物，甚至含高濃度之病原體。某些消化污泥中亦有病原體存在。

B. 污泥產量

生物污泥　估算污泥產量之方法原則為：在廢水處理程序中，將所有會產生污泥之單元（如初沈池與終沈池等），配合水質、水量，與處理單元效率，個別以質量平衡計算最初污泥產量後，再配合後續污泥處理單元（如消化槽）與其處理效率，即可計算出最終污泥產量。圖 1.31 為在不考慮微生物內呼吸之情況下所推算之質量平衡。

測驗 1.11　乙座廢水處理廠其廢水處理量 1,000 CMD，採標準活性污泥法處理廢水，產生之污泥用厭氧消化。進流水 BOD_5=250 mg/L、SS=250 mg/L；放流水 BOD=25 mg/L、SS=25 mg/L。試計算初沈池、終沈池與消化槽之污泥產量。（已知初沈池 SS 與 BOD 去除率分別為 60% 與 30%；活性污泥法 BOD 去除率與生長係數為 90% 與 0.5；厭氧消化槽固體物消化率 =50%）

計算過程如下：

A. 初沈污泥計算

　　進流水量，Q =1000 m³/d

　　進流水 SS 濃度，X_0 =250 mg/L×10^{-6} kg/mg×10^3 L/m³

　　　　　　　　　　=0.25 kg/m³

　　初沈池乾污泥重 =Q×X_0×η_{p-X}

　　　　　　　　　=1000 m³/d×0.25 kg/m³×0.6

　　　　　　　　　=150 kg/d

　　初沈污泥比重 =1.02（表 1.10）

　　初沈污泥濃度 =5%（表 1.12）

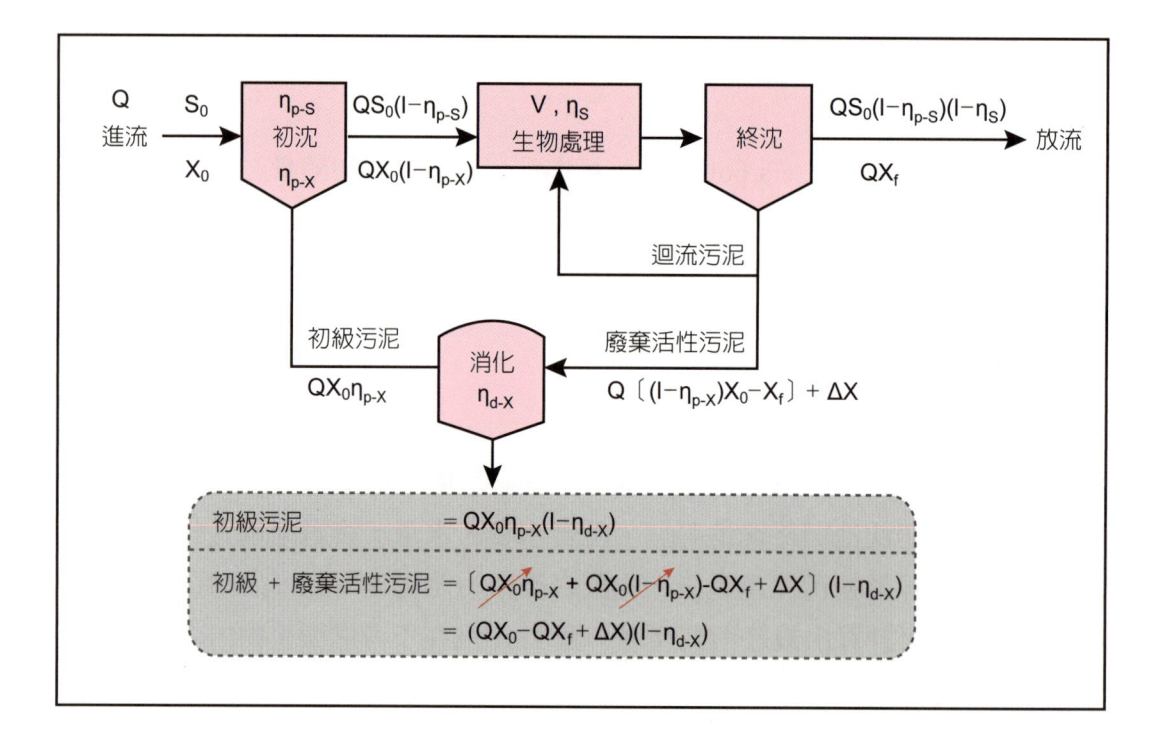

```
                           ┌──────┐
      Q    S₀    ┌─────┐  QS₀(1-η_{p-S})  │V, η_S│  QS₀(1-η_{p-S})(1-η_S)
     進流  ─────▶│ η_{p-S}│─────────────▶│生物處理│─────────▶│終沈│──────────▶ 放流
           X₀   │ 初沈 │                 │      │           │    │   QX_f
                │ η_{p-X}│  QX₀(1-η_{p-X})└──────┘           └────┘
                └─────┘                      ▲
                                             │ 迴流污泥
                                             │
            初級污泥            ┌─────┐  廢棄活性污泥
           ◀─────────────────│ 消化 │◀──────────────────
            QX₀η_{p-X}         │ η_{d-X}│  Q[(1-η_{p-X})X₀-X_f] + ΔX
                                └─────┘
```

初級污泥　　　　　　　　= QX₀η_{p-X}(1-η_{d-X})

初級 + 廢棄活性污泥 = [QX₀η_{p-X} + QX₀(1-η_{p-X}) - QX_f + ΔX](1-η_{d-X})
　　　　　　　　　　　= (QX₀ - QX_f + ΔX)(1-η_{d-X})

Q　：進流水量（m³/d）

V　：生物單元體積（m³）

S₀　：進流水之 BOD₅ 濃度（mg/L）

X₀　：進流水之 SS 濃度（mg/L）

η_{p-S}　：初沈池 BOD 去除率

η_{p-X}　：初沈池 SS 去除率

η_S　：生物單元 BOD 去除率（活性污泥=0.9，滴濾池=0.8）

X_f　：放流水之 SS 濃度（mg/L）

η_{d-X}　：消化槽效率（厭氧=0.5，好氧=0.6）

ΔX　：微生物增殖之淨固體濃度（kg/d）

ΔS　：生物單元 BOD 去除量=（1-η_{pr-S}）η_S S₀ Q（kg/d）

Y　：生長係數=ΔX/ΔS（活性污泥=0.5，滴濾池=0.2）

圖1.31　廢水處理單元

初沈池污泥量 = 150 kg/d ÷ 5% ÷ 1020 kg/m³
          = 2.94 m³/d

B. 廢棄活性污泥計算

進流水 BOD，S_0 = 250 mg/L × 10^{-6} kg/mg × 10^3 L/m³
          = 0.25 kg/m³

BOD 去除量，$\Delta S = Q \times S_0 \times (1-\eta_{p-s}) \times \eta_s$
          = 1000 m³/d × 0.25 kg/m³ × (1−0.3) × 0.9
          = 157.50 kg/d

微生物增殖量，$\Delta X = Y \times \Delta S$
          = 0.5 × 157.50 kg/d
          = 78.75 kg/d

放流水 SS 濃度，X_f = 25 mg/L × 10^{-6} kg/mg × 10^3 L/m³
          = 0.025 kg/m³

放流水 SS = $Q \times X_f$
          = 1,000 m³/d × 0.025 kg/m³
          = 25 kg/d

廢棄活性污泥 = $Q \times [(1-\eta_{p-x}) \times X_0 - X_f] + \Delta X$
          = 1000 m³/d × [0.4 × 0.25 − 0.025] kg/m³ + 78.75 kg/d
          = 153.75 kg/d

廢棄活性污泥比重 = 1.005（表 1.10）
廢棄活性污泥濃度 = 1.3%（表 1.12）
廢棄活性污泥量 = 153.75 kg/d ÷ 1.3% ÷ 1,005 kg/m³
          = 11.77 m³/d

C. 消化污泥計算

污泥投入量 = 150 kg/d + 153.75 kg/d
          = 303.75 kg/d

$$消化污泥 = 投入量 \times (1-\eta_{d\text{-}X})$$
$$= 303.75 \text{ kg/d} \times 0.5$$
$$= 151.88 \text{ kg/d}$$

消化污泥比重 = 1.014（例 1.10）

消化污泥濃度 = 3.5%（表 1.12）

$$消化槽污泥量 = 151.88 \text{ kg/d} \div 3.5\% \div 1014 \text{ kg/m}^3$$
$$= 4.28 \text{ m}^3/\text{d}$$

無機污泥　在傳統產業電鍍業與高科技產業之廢水中，部分是添加化學混凝藥劑或沈降性藥劑後，再以沈澱處理。此外，廢水處理中有採化學沈降除磷者，亦會產生化學污泥。此化學處理方式所產生之無機污泥包括：(1) 含金屬廢水污泥；(2) 無機顆粒混凝污泥；(3) 氟系廢水污泥；(4) 砷系廢水污泥；(5) 化學沈降除磷污泥。

(1) 含金屬廢水污泥

金屬基本工業之表面處理業廢水含 Zn、Cr、Ni、Cu；印刷電路板業廢水含 Cu、Ni、Pb；電鍍業廢水有 Ni、Cr、Cu、Zn、Ag；電池製造業廢水有 Pb、Zn，及電線電纜業廢水含 Cu。此類含有高濃度重金屬之廢水，一般處理方式為添加 NaOH 提高 pH，使金屬離子 M^{n+} 形成金屬氫氧化物 $M(OH)_n$ 後沈澱去除，如式 (1-3) 所示。

$$M^{n+} + OH^- \leftrightarrow M(OH)_{n(s)}$$
$$Ksp = [M^{n+}][OH]^n \tag{1-3}$$

(2) 無機顆粒混凝污泥

高科技產業之化學機械研磨（CMP）廢水含有 SiO_2 奈米顆粒；其他部分行業所產生廢水中所含溶解性無機物，因添加鹼劑所轉析出之粒徑小的無機鹽類，此二類均無法藉重力直接沈澱去除。常用之混凝藥劑為硫酸鋁 $Al_2(SO_4)_3 \cdot 14H_2O$、氯化鐵 $FeCl_3$，與多元氯化鋁（PAC）等形成可沈降膠羽。硫酸鋁與氯化鐵之反應如式 (1-4) 與 (1-5)。

$$Al_2(SO_4)_3 \cdot 14H_2O + 3Ca(HCO_3)_2 \rightarrow {}_2Al(OH)_3 + 3CaSO_4 + 14H_2O + 6CO_2 \quad (1\text{-}4)$$
$$FeCl_3 + 3Ca(HCO_3)_2 \rightarrow 2Fe(OH)_3 + 3CaSO_4 + 6CO_2 \quad (1\text{-}5)$$

(3) 氟系廢水污泥

半導體產業及光電業之氟系廢水處理，多半以化學沈澱化學處理，如式 (1-6) 所示，添加鈣鹽形成氟化鈣之低溶解度固體顆粒後，再以混凝沈澱去除。

$$Ca^{2+} + 2F^- \rightarrow CaF_{2(S)}$$
$$K_{sp} = 3.4 \times 10^{-11} \quad (1\text{-}6)$$

(4) 砷系廢水污泥

化學氣相沈積（chemical vapor deposition, CVD）製程所排放之廢氣含有特殊毒性氣體 AsH3。先以吸收處理，在其洗滌廢水中會含有高濃度砷酸（H_3AsO_4），再以氧化劑 NaOCl 進行氧化，如式 (1-7) 所示。此外，尚有砷化鎵晶圓研磨之含砷廢水，目前針對此類廢水多以混凝處理為主。利用鈣鹽、鎂鹽使產生砷酸鈣及砷酸鎂沈澱，如式 (1-8) 所示，再以氯化鐵或硫酸鋁等混凝劑進行混凝。

$$AsH_3 + 4NaOCl \rightarrow H_3AsO_4 + NaCl \quad (1\text{-}7)$$
$$3Mg^{2+} + 2AsO_4^{3-} \rightarrow Mg_3(AsO_4)_{2(S)} \quad (1\text{-}8)$$

(5) 化學沈降除磷污泥

以化學沈降法除磷主要是以加入多價金屬之鹽類（如 Ca^{2+}、Fe^{3+} 或 Al^{3+}）。Ca^{2+}、Fe^{3+} 與 Al^{3+} 通常使用藥劑為 $Ca(OH)_2$、$FeCl_3$ 與 $Al_2(SO_4)_3 \cdot nH_2O$ 等藥劑，形成不溶性鹽類去除，一般後二者常加入高分子助凝劑以提高沈澱效率。反應式如式 (1-9) 至 (1-11)。

$$10Ca^{2+} + 6PO_4^{3-} + 2OH^- \leftrightarrow Ca_{10}(PO_4)_6(OH)_{2(S)} \quad (1\text{-}9)$$
$$Al^{3+} + HnPO_4^{3-}n \leftrightarrow AlPO_{4(S)} + nH^+ \quad (1\text{-}10)$$
$$Fe^{3+} + HnPO_4^{3-}n \leftrightarrow FePO_{4(S)} + nH^+ \quad (1\text{-}11)$$

1-6-3 污泥處理流程及單元

A. 污泥處理流程

表 1.13 表示污泥處理之操作流程，其單元操作可做各種不同組合，主要視污泥之種類、特性及最終處置之方法而定。

表1.13 污泥處理流程中之程序與單元

順序	程序	單元
1	預先處理	粉碎、混合、儲存、除砂
2	濃縮	重力、加壓浮除、離心
3	穩定	加氯氧化、石灰穩定、熱處理、厭氧消化、好氧消化
4	調理	化學調理、淘洗、熱處理
5	消毒	加熱消毒、長期儲存
6	脫水	真空過濾、加壓過濾、帶濾式、離心、乾燥床、污泥塘
7	乾燥	烘乾、噴霧乾燥、旋轉乾燥
8	堆肥	堆肥
9	熱處理	多床式、流體化床、燃燒、共同焚化、深井氧化、濕式氧化
10	最終處置	掩埋、土地利用、回收、再利用

濃縮（thickening） 污泥濃縮為污泥消化與脫水操作之預備處理，降低污泥含水率以減少污泥量、降低後續處理單元之成本，與提高污泥脫水系統之經濟性為污泥濃縮之目的。圖 1.32 表示降低少許之污泥含水量即可減少大量之污泥體積。圖 1.33 表示當消化槽之固體濃度由 3.5% 濃縮至 7.5% 時，所需消化槽容量可由 20,000 m³ 降至 7,000 m³，使消化槽設置與操作成本降低。污泥濃縮可利用重力法、加壓浮除法或離心法，其主要目的為減少污泥體積。

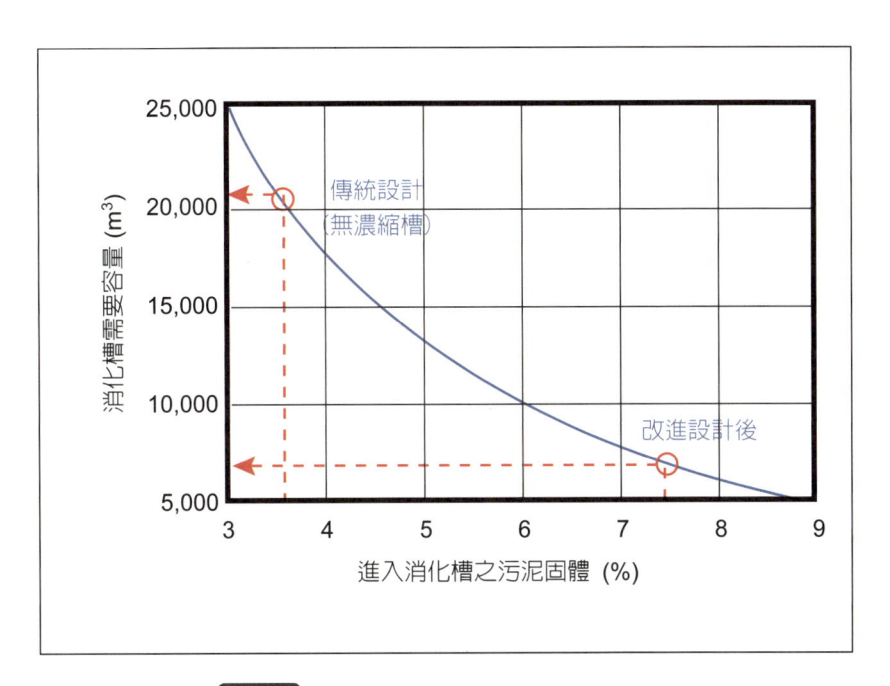

圖1.32　消化槽容量及污泥關係曲線圖

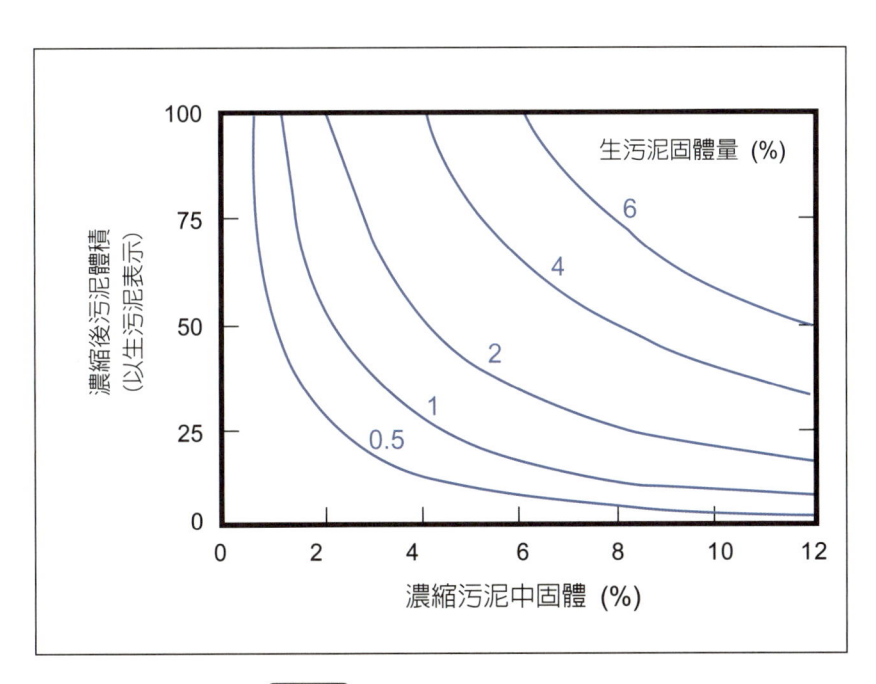

圖1.33　污泥濃縮關係曲線圖

(1) 重力濃縮（gravity thickening）

在污泥靜置於量筒中沈降，可觀察到不同污泥濃度產生不同之污泥沈降現象：

- 自由沈降（free settling）：稀薄污泥沈降時，污泥與上澄液之界面不明顯，此狀態為粒子之自由沈降。
- 干擾沈降（hindered settling）：高濃度污泥沈降時，會呈現清楚之污泥與上澄液界面而緩慢下降，此時為呈現集合狀態下之粒子因互相干擾而沈降。
- 界面沈降（line settling）：上述狀態呈現出清楚界面時之沈降稱界面沈降。
- 壓密沈降（consolidation settling）：污泥持續沈降，導致底部污泥濃度增加，使上下層粒子間呈現壓密狀態，則稱壓密沈降。

重力濃縮法需足夠時間使含水率 ≥ 98% 之污泥得以重力沈降，並在濃縮槽底部產生壓密濃縮，使污泥含水率降至 95% 以下。圖 1.34 為一圓形濃縮槽示意圖，典型直徑為 3～30 m，邊牆高度為 2～5 m，底部坡度為 125～250‰，將生污泥由進流管引入濃縮槽內，利用具有桁架或垂直欄杆之污泥攪動裝置，緩慢攪拌污泥而造成開口，使水逸出，並促成污泥稠密，上層澄清液再回流至初沈池。底部濃縮污泥則抽至消化槽或污泥處理設備，在底部有污泥貯存空間。投入方式以虹吸或由上而下方式為宜。

表 1.14 為濃縮槽設計準則參考，圖 1.35 為一圓形濃縮槽圖片。

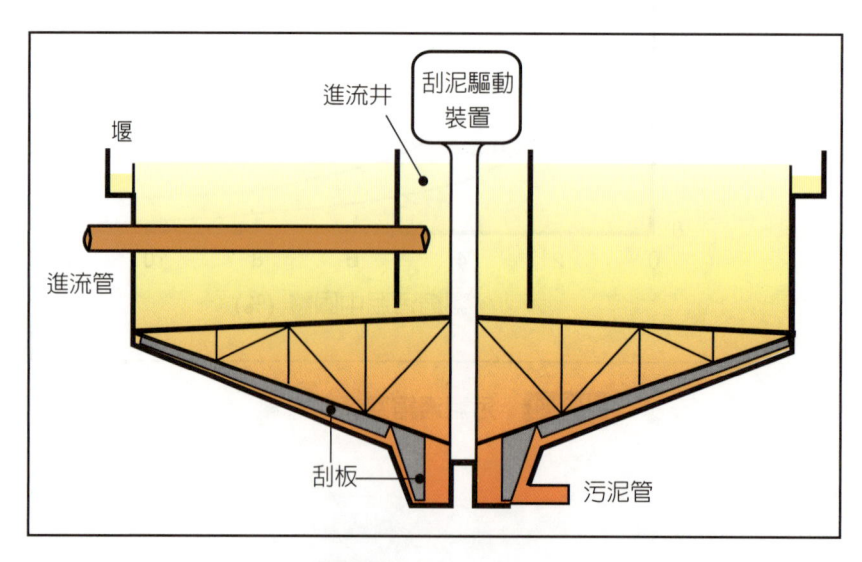

圖1.34　重力濃縮槽

圖1.35　重力濃縮槽俯視（左為化學沈澱污泥濃縮槽，右為生物污泥濃縮槽）

表1.14　圓形濃縮槽設計基準

污泥種類	直徑（m）	K (kg/m) A	溢流率 (m³/m²·d)
初沈污泥	3～24	11	33
初沈與廢棄活性污泥	3～21	7	33
廢棄活性污泥	3～15	4	33
熱處理後初沈與廢棄活性污泥	3～18	15	16
$CaCO_3$	3～30	22	41
金屬氫氧化物沈澱污泥	3～21	16	16
造紙和紙漿廠污泥	3～30	22～30	33

註記：A 為刮泥設備扭力負荷 (T, kg m)＝K(kg/m)×d²(m²)，d 為直徑。

(2) 浮除濃縮（flotation thickening）

方法有：分散空氣浮除法、加壓空氣浮除法與真空浮除法等。

一般以加壓空氣浮除法（簡稱加壓浮除法）較為常用，此法乃將壓縮空氣從抽水機之吸水管內加入，在壓力下空氣溶在液體內，經由減壓閥到達浮除槽，空氣就在整個液體內變成小氣泡逸出。一般可使用分離液或處理水為加壓水，槽內需設置上浮污泥之撇清機與底泥收集機，並有加壓泵、空氣導入設備、壓力槽等設備，如圖 1.36 所示。投入污泥與加壓水之停留時間一般＞2 h；加壓水量由壓力槽壓力、氣固比與水溫三個因素決定，一般約為投入污泥量之

3 倍；加壓水壓力為 2～5 kg/cm^2，加壓槽停留時間 > 1 min，其他相關設計參數如表 1.15 所示。

a 直接加壓法

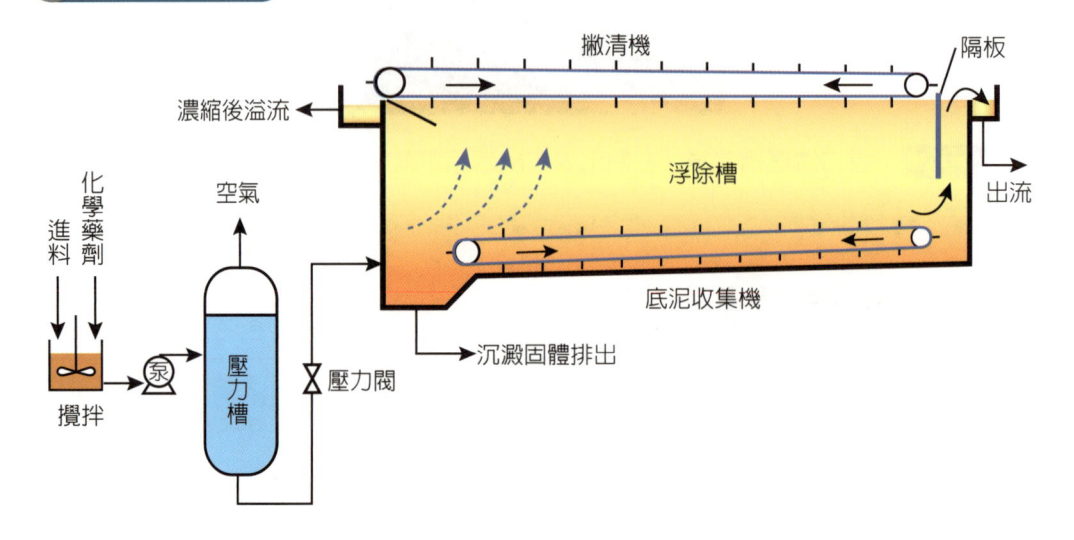

b 迴流加壓法

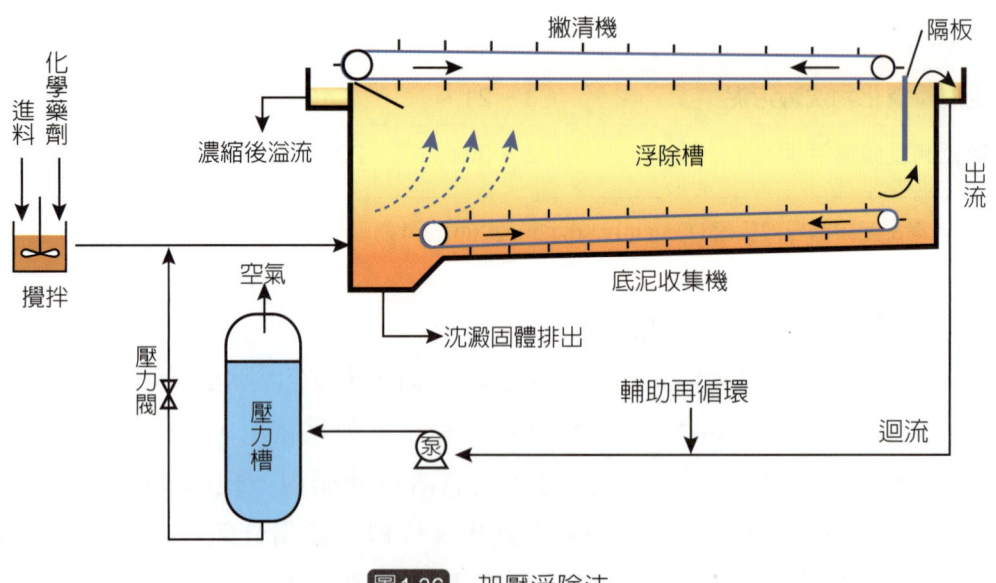

圖1.36　加壓浮除法

表1.15 溶解浮除濃縮池之操作參數

項目＼污泥種類	初沈污泥	廢棄活性污泥	滴濾池污泥	初沈＋廢棄活性污泥
氣固比	0.04～0.07	0.03～0.05	0.02～0.05	0.02～0.05
固體負荷（kg/m²·d）	90～200	50～90	50～120	60～150
水力負荷（m³/m²·d）	90～250	60～180	90～250	90～250
Polymer（mg/kg）	1,000～4,000	1,000～3,000	1,000～3,000	1,000～4,000
出水迴流率（％）	30～150	30～150	30～150	30～150
固體捕捉率（％）	80～95	80～95	90～98	90～95
上澄液SS（mg/L）	100～600	100～600	100～600	100～600

(3) 離心濃縮（centrifugal thickening）

離心法用於污泥濃縮及脫水，在濃縮污泥方面有三種型式：圓盤噴嘴式、固體承杯式及無孔籃式離心機。如圖1.37所示，表1.16列出上述三種型式之優缺點。

圖1.37(a) 液體沿中央軸筒向下流動，經由盤間往上而逐漸澄清，固體被濃縮後由噴嘴排出，由於噴口徑小，故須先將污泥粉碎以防阻塞。

圖1.37(b) 污泥連續進料，固體在周圍濃縮，然後排出。

圖1.37(c) 屬分批式，待污泥濃縮完成後再將濃縮污泥排出。

圖1.38為固體承杯式污泥離心濃縮機之外觀，圖1.39為其內部構造。

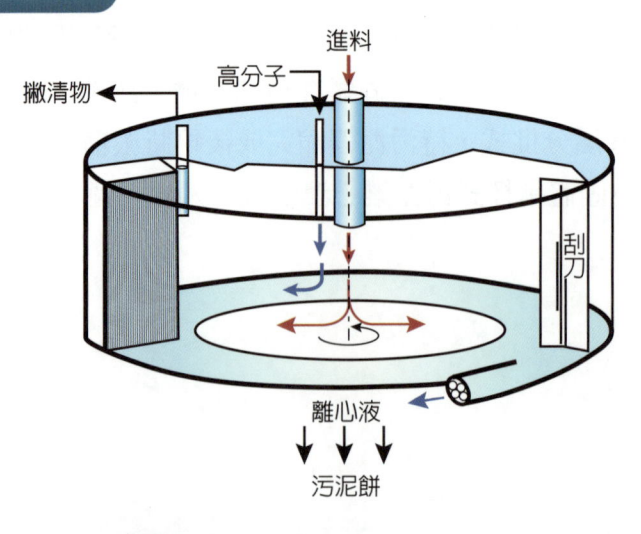

圖1.37 污泥離心濃縮機

a 圓盤噴嘴式

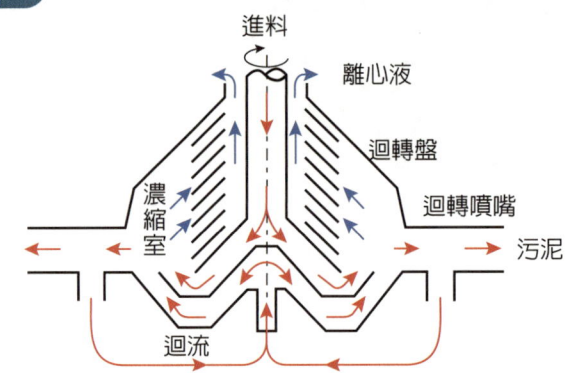

b 固體承杯式

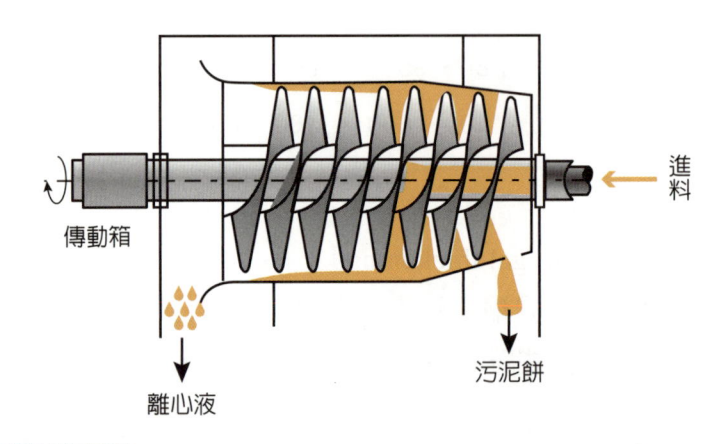

c 無孔籃式

表1.16 三種離心機之優缺點

離心機	優點	缺點
圓盤噴嘴式	可不需添加藥劑 處理容量高 臭味產生少	適用於污泥粒徑 ≦ 400 μm 需過篩與沈砂之前處理 設計不當時需大量維護補救 需熟練操作技巧
固體承杯式	處理容量高 容易安裝與初設費用低 安靜 外觀清潔與無臭味問題 可獲致 4～6% 濃縮污泥	操作維護成本高 需添加高分子 需預先去除砂礫 需熟練操作技巧
無孔籃式	具彈性、可用作濃縮與脫水 不受砂礫影響 最少之操作維護 外觀清潔與無臭味問題 適合難以處理之污泥	非連續操作 需特殊結構支撐 操作成本高

圖1.38 固體承杯式污泥離心濃縮機外觀

圖1.39 固體承杯式污泥離心濃縮機內部

消化（digestion） 　分為厭氧消化及好氧消化二種。

(1) 厭氧消化（anaerobic digestion）

A. 基本原理

　　有機物如碳水化合物、蛋白質、脂肪等經由微生物厭氧分解可分解成簡單穩定物質，如甲烷（CH_4）及二氧化碳（CO_2）。

　　厭氧之過程分為三個階段：在第一階段為水解：水解菌將複雜之有機物水解成簡單之有機物；第二階段為酸化：酸形成菌將簡單之有機物化成有機酸；第三階段為甲烷化：甲烷生成菌將有機酸反應分解為 CH_4 及 CO_2，此時廢水達到穩定，厭氧消化作用完成，厭氧消化方法如圖 1.40。

B. 產物
- 氣體：主要氣體產物為 CH_4 及 CO_2。
- 浮渣：浮渣之比重小，可以上升。浮渣之出現顯示攪拌並不完全，通常細菌存在於底泥中，而浮渣中有濃縮之養分，在沒有良好之攪拌狀況下，上層液即形成一層障礙，並造成浮渣消化不完全。
- 上層液：上層液含有高懸浮固體 SS 及 BOD，通常其性質受消化系統型式、消化效率及廢水性質所影響。
- 消化污泥：包括無機物質及不易消化之揮發性固體。良好穩定之消化污泥應有良好之排水性及脫水性，且不產生惡臭。

C. 污泥厭氧消化指標
- 揮發酸、CO_3^{2-} 鹼度、pH 值：揮發酸、CO_3^{2-} 鹼度及 pH 三項指標因彼此關係密切，故常合併討論。
- 氣體產量及 CH_4 成分：厭氧消化主要目的是將有機物分解。污泥消化時，氣體產量和分解之有機物息息相關，一般去除每公斤 COD 可以產生 $0.35\ Nm^3\ CH_4$。
- 有機物減少率：以不同型式之污泥而言，厭氧消化時 TS 減少率約 40～50%、初沈污泥之 TVS 減少率為 40～70%，廢棄活性污泥則為 20～50%。表 1.17 列出厭氧性污泥消化操作參數。

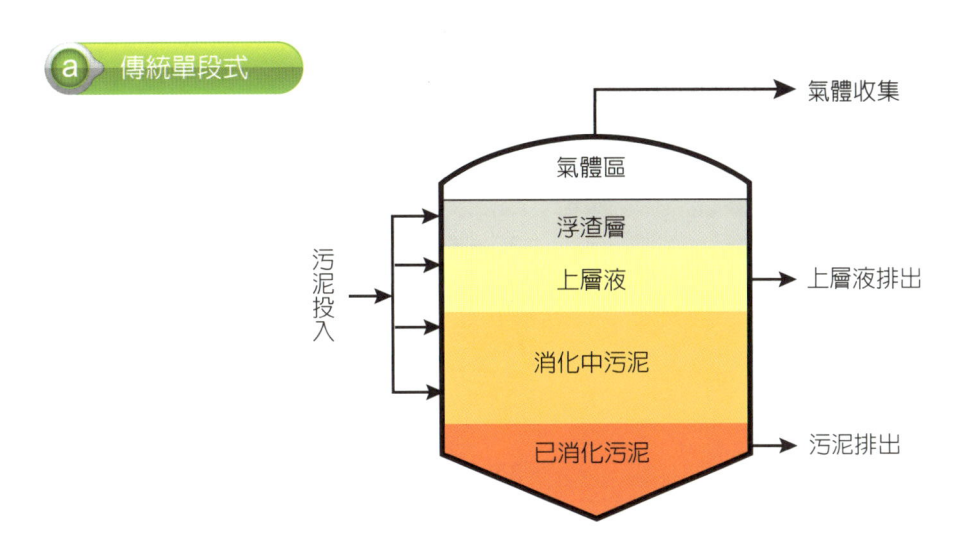

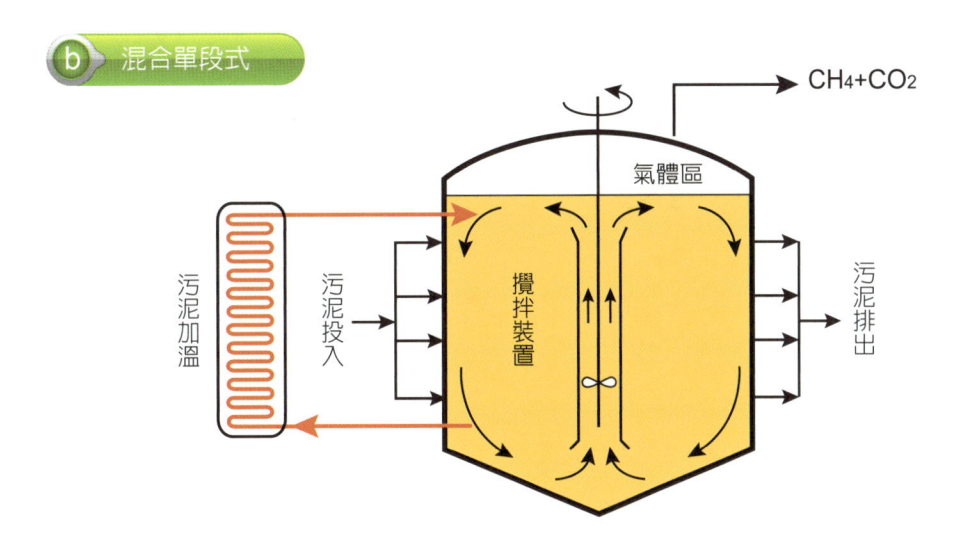

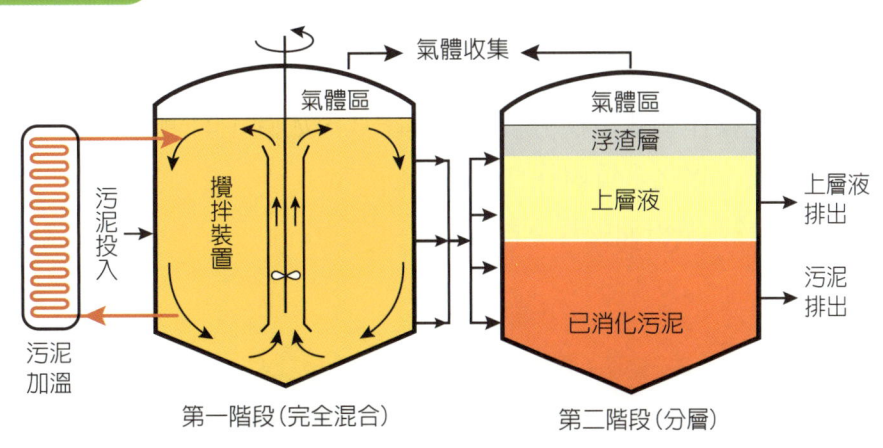

圖1.40　典型厭氧消化槽

表1.17 厭氧性污泥消化操作參數

參數	標準式	高率式
固體物停留時間（d）	30～60	10～20
污泥負荷率（kg VS/m³ d）	0.5～1.6	1.6～6.4
初沈與廢棄活性污泥之投入濃度（%）	2～4	4～6
消化污泥濃度（%）	4～6	4～6
溫度（°C）	35	55
pH	6.8～7.5	6.8～7.5
VS 減少率（%）	40～70	40～70
CH_4 產生量（Nm³/ kg COD 去除）	0.35	0.35
$CH_4：CO_2$	60～75：25～40	60～75：25～40
消化氣體產生量（Nm³/ kg VS 去除）	0.8～1.1	0.8～1.1
CO_3^{2-} 鹼度（mg/L）	> 1,000	> 1,000
揮發酸／總鹼度	< 0.5	< 0.5

(2) 好氧消化（aerobic digestion）

好氧消化較厭氧消化之優勢為：揮發性固體物之減少約與厭氧消化相等；上層液 BOD 濃度較低；產生較無臭、腐植狀、生物性穩定之最終產物，易於處置；產生之污泥脫水性良好；從污泥中回收更多之鹼性肥分；操作問題較少；設備費較低。但其缺點為需要較高之電費以提供所需氧氣，而且不能回收有用之副產物。

好氧消化操作型式可採分批式或連續式，如圖 1.41 所示。表 1.18 列出好氧性污泥消化槽出水之水質與操作參數。

圖 1.42 為典型污泥乾燥床斷面。

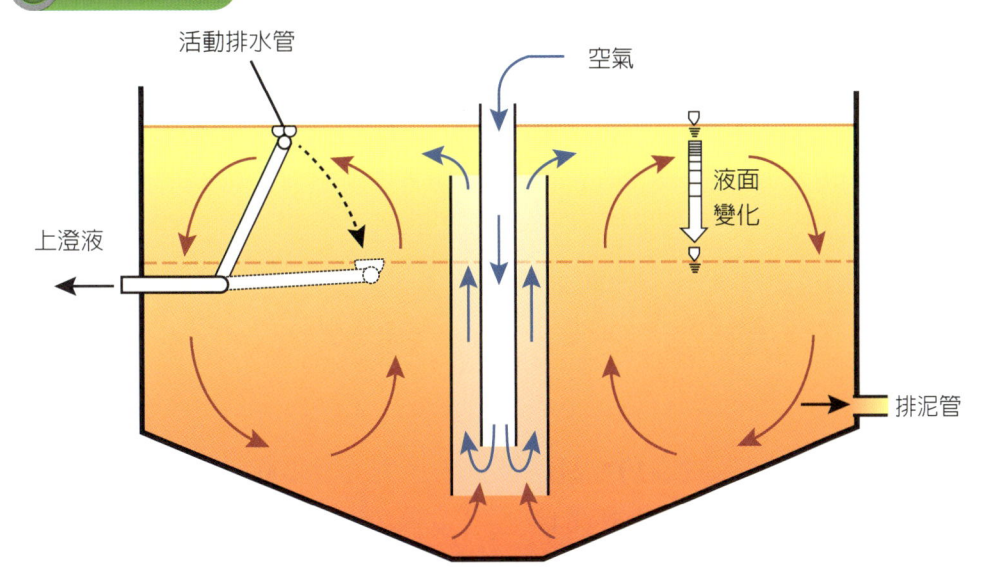

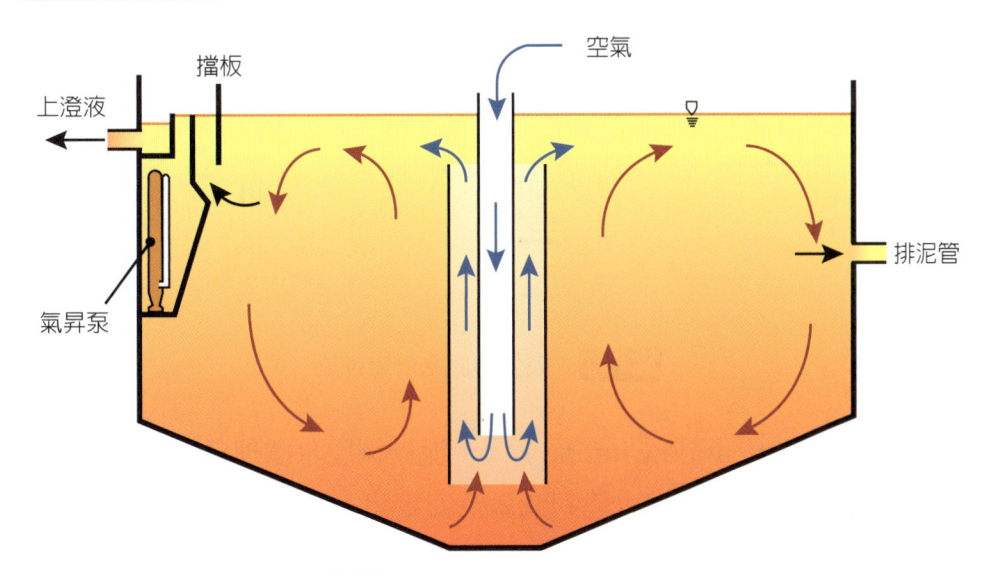

圖1.41 好氧消化槽操作型式

表1.18　一般好氧性污泥消化槽出水之水質

參數	範圍	典型值
pH	5.9～7.7	7
BOD_5	9～1,700	500
溶解性 BOD_5	4～183	50
COD	288～8,140	2,600
TSS	46～11,500	3,400
TKN	10～400	170
TP	19～241	100
溶解性 P	2.5～64	26

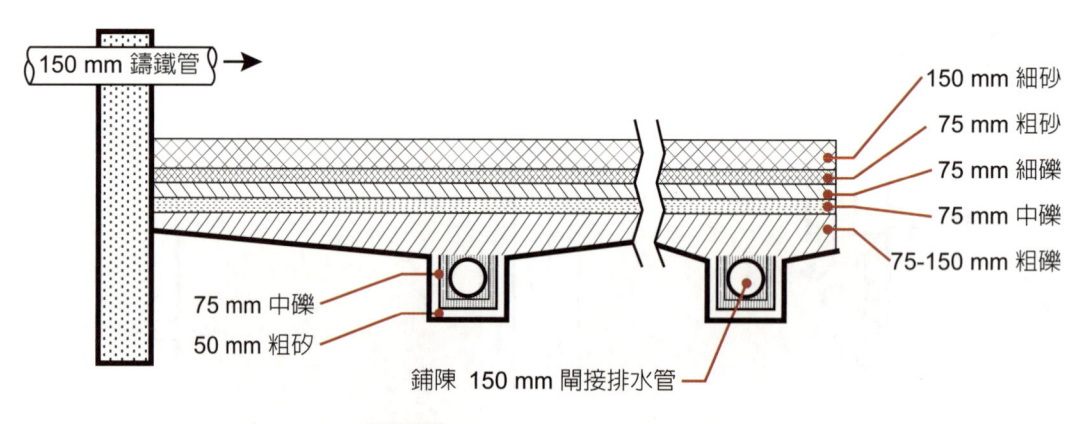

圖1.42　典型污泥乾燥床斷面

機械脫水（mechanical dewatering）　污泥機械脫水處理為將污水處理過程所產生之污泥利用機械方式脫水達到減量及安定化，利於後續處理為目的。如利用脫水機以減少污泥之水分，不受氣候之影響、用地較省、時間短為其最大的優點。脫水機有：添加無機性凝聚劑（消石灰或氯化鐵）的真空過濾機、加壓過濾機、添加高分子凝聚劑的離心分離機，及帶壓式脫水機等。

真空過濾為在溝式及多孔式之圓筒上套以濾布。迴轉時，內部以真空泵減壓，當圓筒浸在污泥時，污泥藉真空作用被濾布吸著，當迴轉之圓筒離開污泥時，吸著於濾布表面之污泥被脫水而分離。真空過濾系統，如圖 1.43 所示。

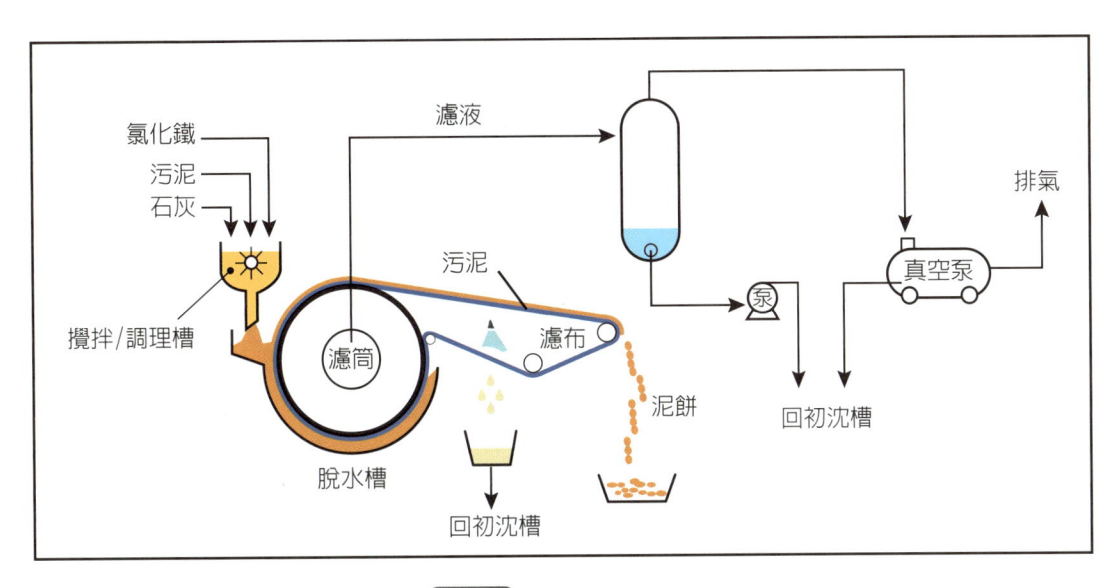

圖1.43 真空過濾系統

　　離心法為利用離心力使污泥中的水分分離而脫水，一般離心機同於污泥離心濃縮機，已於污泥濃縮乙節介紹，有圓盤噴嘴式、固體承杯式，與無孔籃式，如圖 1.36～1.39 所示。

　　壓力過濾有各種不同型式，一般濾布使用合成長纖維濾布，經長時間使用後，布面孔隙阻塞即應洗滌或更換。圖 1.44 與圖 1.45 分別為壓濾脫水機之示意與外觀，圖 1.46 為污泥經壓濾後，以壓縮空氣將濾布膨脹，使濾餅抖落之示意。

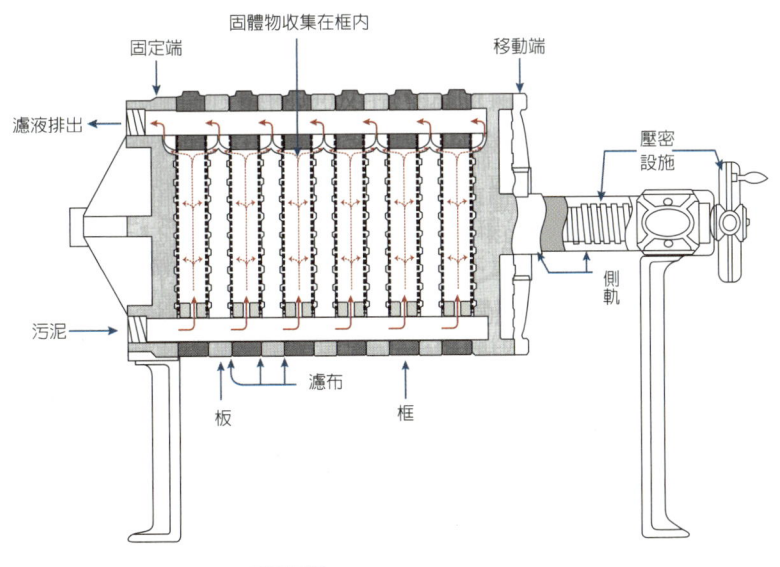

圖1.44 壓濾脫水機示意

圖1.45　壓濾脫水機之外觀

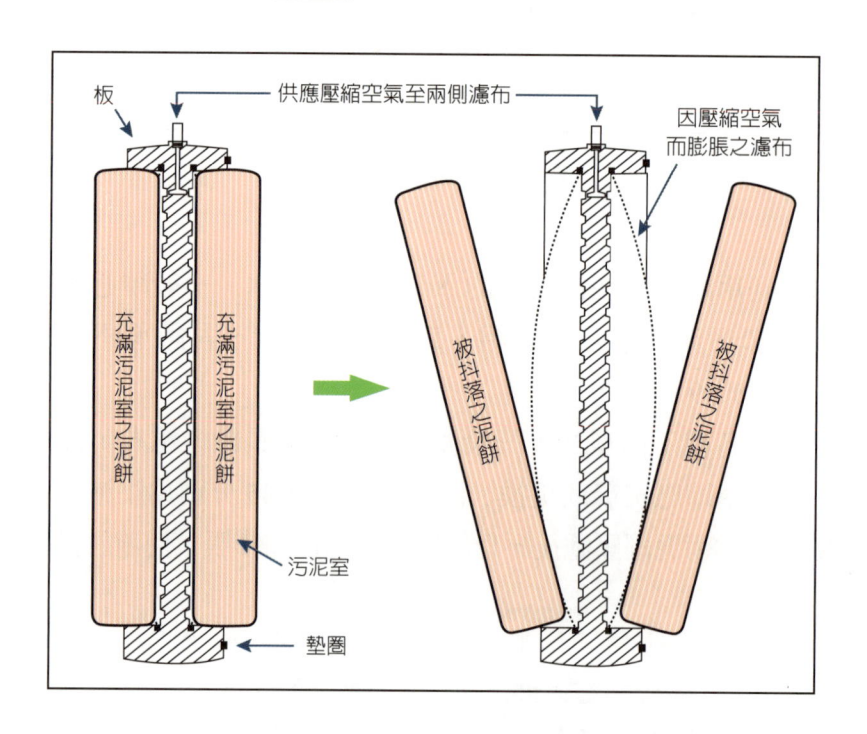

圖1.46　泥餅清除流程示意圖

　　水平帶式過濾在濾布上備用滾輪、驅動設備，以輸送污泥並予脫水，經常與真空過濾合併使用，是目前最常見的脫水處理方法。圖 1.47 與圖 1.48 為水平帶式過濾示意與外觀照片。

表1.20 機械脫水設備之特性比較

種類	離心	壓力過濾	水平帶式
凝聚劑/劑量	polymer(1%)	$Ca(OH)_2$（30～40%） $FeCl_3$（5～10%）	polymer(1%)
操作特性	• 構造為密閉式 • 操作管理容易 • 因高速迴轉有磨損	• 為間歇性操作	• 構造簡單 • 濾布過長有蛇行問題
含水率(%)	78～80	63～65	76～78
附屬設備	較少	較多	中等
電力消耗	大	大	少
使用情形	多	少	多

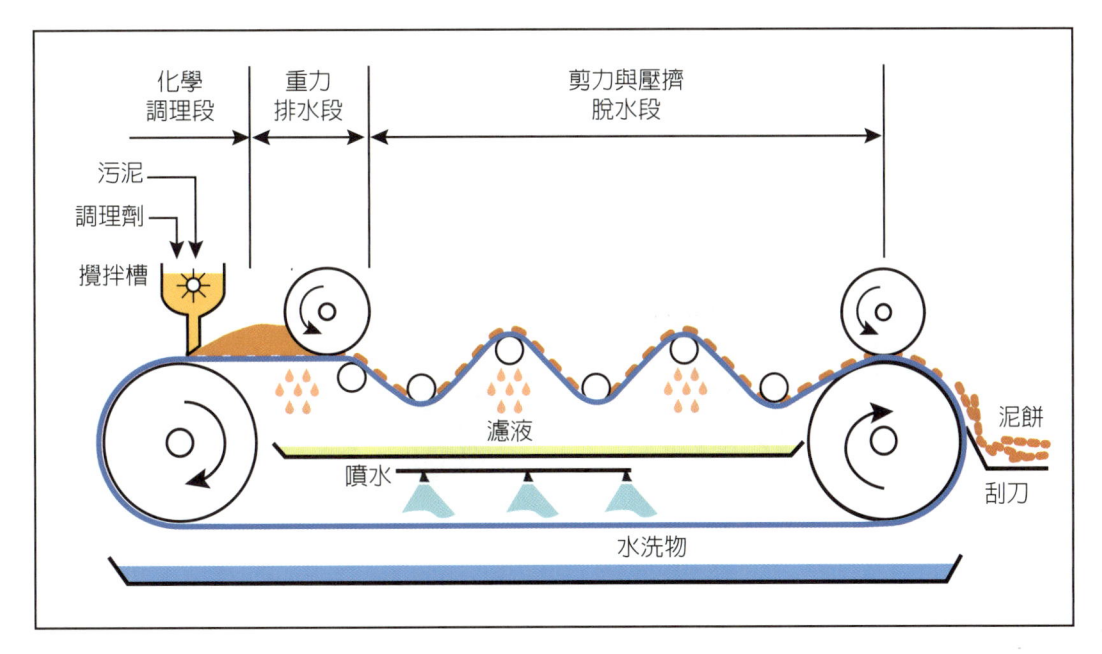

圖1.47 水平帶式過濾之示意圖與說明

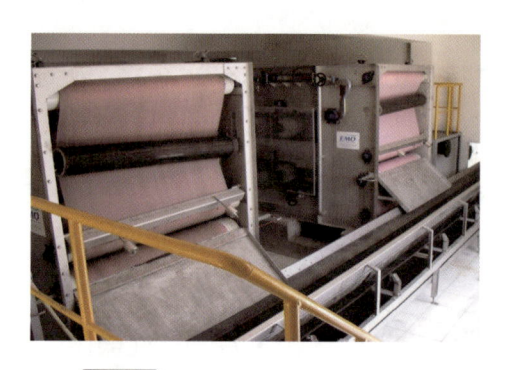

圖1.48　水平帶式過濾機照片

輸送（pumping）　污泥輸送單元於最初規劃設計時，需針對污泥之水理特性與污泥泵審慎評估。

(1) 污泥水理特性

　　污泥輸送有藉水頭差或以污泥泵為之，惟需較大之安全係數。污泥濃度可參考表 1.11 所列並考慮安全係數後定之。污泥管內流速不宜過慢，避免發生沈澱或油脂附著，但流速過大其水頭損失亦大。因此，適當之平均流速非常重要，管內流速又隨污泥濃度而異，一般為 1.0～2.4 m/s 為宜。

(2) 污泥泵與送泥管

　　常見污泥泵為非阻塞型離心泵，內部葉輪設計可切斷異物與產生渦流，使粒徑較大之固體物不易阻塞而容易通過，如圖 1.49 所示。污泥管為防止阻塞，其管徑 ≧ 150 mm，材質為內襯之鑄鐵管或鋼管，且需注意耐腐蝕性。

(a) 污泥　　　　　　　　　(b) 葉輪

圖1.49　污泥泵之外觀與內部葉

表1.21 污泥處理單元分離液之性質

種類	位置	溫度（°C）	pH	SS（mg/L）
濃縮上層液	濃縮槽出口	23.1	6.6～11.5	4,730
消化分離液	消化槽出口	42.2	6.9～7.2	9,690
淘洗廢水	二次洗淨槽出口	24.3	6.8～7.7	720
脫水分離液	脫水機出口	21.4	11.6～13.1	350

烘乾及焚化（drying and incineration） 污泥雖經消化與機械脫水後，形成固體狀之泥餅，此時，含水率已降至約 65～75%。若進一步予以烘乾或焚化處理，其容積將更為減少。污泥乾燥主要目的在蒸發水氣，降低水分含量，以利焚化或製成肥料。

下列即分述乾燥與熱處理技術：

(1) 氣流乾燥：以熱氣流乾燥，在籠狀磨粉機內磨成粒狀之污泥，或用霧化懸浮技術將污泥噴成氣狀之法，而以熱氣流乾燥。
(2) 噴霧乾燥器：利用高速離心圓筒，藉離心力將污泥噴成細小顆粒後乾燥。
(3) 多層爐床焚化爐：經常用來乾燥和燃燒經真空過濾乾燥之污泥。泥餅自爐頂投入，於上層部經 200°C 左右燃燒後落下，次於中層部於 700～900°C 燃燒後再落至下層，冷卻後排出。同時空氣從下層注入，經爐床時加熱，再進入頂部爐床放出熱量將進入之污泥乾燥。多層爐床焚化爐如圖 1.50 所示。
(4) 流動化床焚化爐：如 Dorr. Oliver FS（Fluo. Solids）系統，係利用流動式砂床作為熱貯存器以促進污泥固體物均勻燃燒。
(5) 氣流燃燒：可用以焚化或污泥乾燥，且兩者可同時操作。
(6) 濕式氧化：在高溫（180～210°C）及高壓（70～100 kg/cm^2）下，將液體的污泥與壓縮空氣一同導入壓力槽中，有機物被高溫氧化。因其反應並不容易完全，平均在 80 至 90%，因此在最終產物中，仍含部分有機物等物質。
(7) 共同熱解：共同熱解為在 370～870°C 無氧狀況下，將有機固體轉化成可利用之能源或副產物，並減少固體體積。

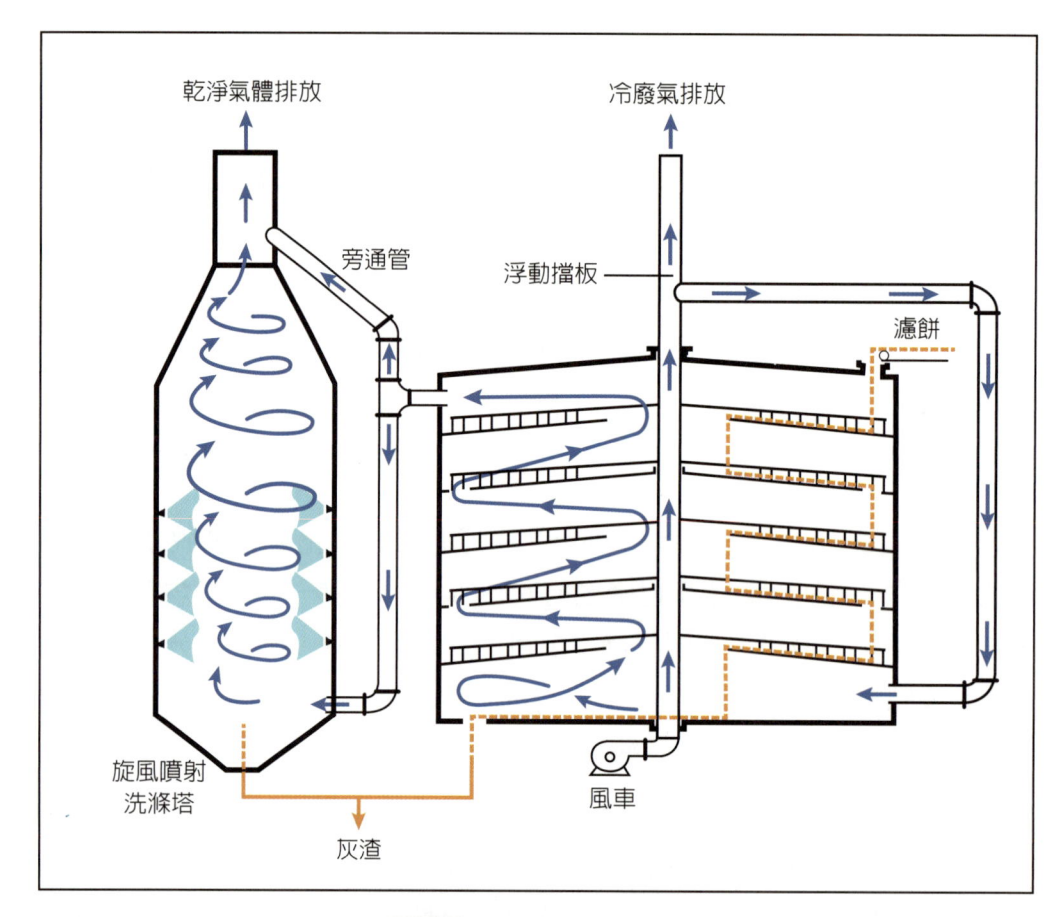

圖1.50　多層爐床焚化爐

重金屬回收（heavy metal recovery）　一般印刷電路板、金屬表面處理，或金屬工業廢水中化學混凝所摻生之化學污泥，含有高濃度之重金屬成分，如銅、鉛、鎳、鉻、鋅等重金屬。目前處理重金屬污泥之技術有美國 Recontek 之置換電解技術、大陸常用之氨浸萃取法，及日本高溫融熔法等。

堆肥（composting）　脫水污泥直接供作肥料會有臭味問題產生，甚至有些污泥仍含有病原菌與寄生蟲等。利用費用低廉與使用方便之堆肥，實為可行之技術。堆肥為一種好氧與高溫之生物分解過程，將污泥中之有機物分解為穩定腐植質。經堆肥後之污泥可作為土壤改良劑。堆肥之程序有預先調整、第一次發酵、第二次發酵。

(1) 預先調整：為調整適合好氧微生物生長環境，需控制 pH 為中性、水分約為 50～60%，與適當植種等。

(2) 第一次發酵：為調整適合好氧微生物生長環境，需控制 pH 為中性、水分約為 50～60%，C/N=20～35，C/P=75～150，與適當植種等。一般堆積發酵法堆積後第 1 天，溫度即可上升至 50℃，第 2～3 天升至 60℃，最高溫度可達 70～75℃。
(3) 第二次發酵：為腐熟階段，不需供氣，可藉由翻堆促進熟化。

最終處置（Ultimate disposal）　　經過處理後達穩定化之污泥，需最終處置以達安定化、合乎衛生，最終處置之方法，視污泥穩定之型式及減少之體積量而決定。

(1) 填地：為將脫水污泥餅或焚化之灰燼填於低窪地或海埔新生地。
(2) 土地掩埋：利用衛生掩埋將泥餅或灰燼及一般廢棄物以覆土分層掩埋。
(3) 綠、農地利用：污泥堆肥化後可作為肥料，運用於綠地、農地之土壤改良。
(4) 再利用：泥餅焚化成灰燼後，已有作為營建材料及其他方面利用之研究。

Chapter 2

第二章｜非技術－時事評析與生活大補帖

2-1 淺談生態工法——改善河川水體水質

　　國內近來推廣之生態社區藉由綠建築、綠營建及生態工法等理念與技術達到生物多樣性、生態綠化、省能、廢棄物減量、資源再生、雨污水回收再利用、透水保水等效果，創造符合生態理念之生活環境。

　　針對水質及水體品質之提升，下水道建設是為減低生活污水污染衝擊不可或缺的一環，惟其建設涉及經費、用地取得等限制因子，短期間人工濕地等生態工法施作，藉以減低污染衝擊、提升河川水質、循環再利用水資源，應屬綠色環保之可行替代方案。近來國內在幾條大型主要河川，陸續考量規劃設計使用高灘地漫地流、階梯曝氣、礫間過濾及人工濕地等水質自然淨化生態工法藉以改善水質，在規劃時應注意其原水水質，並且仔細設計調整各工法之污染負荷，避免經設計後之水質處理單元，僅止於沈澱功能。若不審慎規劃設計，超負荷設計之結果，將使原先預期之綠地及提供生態棲地之目標，不僅無法達成，反而使其構築地成為蚊蠅滋生之髒亂點。因而，各生態工法預期處理水質之評析、水文構造、水力及污染負荷皆為重要之初始設計考量因子。

　　設計前應調查欲提升流域或其主支流之污染源污染產生量、削減量、污染流達量等水質相關背景參數。水質分析項目至少包括溶氧、生化需氧量、懸浮

固體物、氨氮、總氮及總磷等。水質分析應涵蓋枯豐水期各一次。水質監測站位置應至少包含生態工法設置所在處上下游及重要污染流達所在。此外，亦同時調查流量、流速、水深、河寬斷面等水文參數。在綜合評析生態工法技術可行性、預期水質提升程度是否可達河川水體水質用途、工地取得難易、成本效益、維護管理及相關行政配合程度後，確立其細部設計。筆者最近在造訪荷蘭時，對荷國以人工濕地提升水體品質、營造親水環境之成效印象深刻。濕地最重要構成條件為其水文、水質等因子，人工濕地具有提升水質淨化（polish）之功能。一般而言係為含土壤及砂石、水生植物、微生物及其他棲息動物構成之生態環境，而水為濕地不可或缺的組成因子，良好水力構築之人造濕地乃兼具物理、化學及生物處理功能。人工濕地除傳統污染有機物質去除外，亦可使氮、磷及大腸菌等營養鹽及致病菌有效去除。一般用於提升二級生物處理後之水質，在氮去除方面可達 80～90%，磷可達 60～70%，而糞便大腸菌可達 99.99% 之去除率。濕地有如海綿一般有緩衝水質污染衝擊之功能，良好水力、水文設計構築之人工濕地可提升保水淨水之功能。

通常人工濕地不需機械及動力設施與電力能源之輸入，技術需求及操作維護簡易，亦可提供生態棲息地。具有省能源、低成本之綠色環保技術、屬生態工法與水質淨化之程序。人工濕地運用於水質提升關鍵之設計因子為其水力、水文設計、適當之水深、停留時間、水力負荷之重要考量。濕地生長之水生生物亦有助於污染物之去除，一般而言，如水蠟燭等露出水面之植物有利於氧氣之傳輸，對於耗氧有機物之分解大有助益。然而針對恐有難以分解有機物及重金屬累積之虞的人工濕地中水生植物，則必須定期作收割處置（harvesting），以避免污染物質分解返回水中。

2-2　2002 年河川污染整年

為保護一千兩百萬國人飲用水水源，環保署鎖定高屏溪、淡水河、頭前溪、大甲溪及曾文溪等五大流域，進行工業污染源管制、下水道建設及養豬離牧策略。在水源保護區養豬戶拆除補償工作，於十一月底已完成超過百分之九十九的豬舍拆除工作，共削減豬隻數約 55 萬 4 千頭，養豬業不當的廢水處理，排放之有機污染物及營養鹽（如氨氮）常造成水體衝擊，氨氮等營養鹽物

質不僅為藻類滋生水體優養化問題之原凶，且其濃度升高常造成淨水廠消毒加藥量需大幅增加，因而衍生自來水水質不適飲，大高屏地區飲用水水質不佳，導致家戶捨棄自來水購買飲用水情形，常為民眾所詬病，問題十分嚴重。養豬戶拆除的行動在近年來河川監測之結果顯示，五條流域之水質皆有明顯改善，值得慶幸的是，某些河段水中再現魚類蹤跡，淨水處理的加藥量明顯減少，逐漸地飲用水水質適飲性可望獲得改善。除了養豬離牧策略外，鑑於近來重金屬污染農田引起民眾恐慌事件，環保署亦針對電鍍業、金屬表面處理業、塑膠安定劑製造及製革業等工廠，展開全面污染源排放清查及執法工作，期使非法違章工廠業者改善轉型合法化或淘汰，並促使合法業者正常操作污染防治設施，符合環保標準。因為使人人聞之色變的鎘（痛痛病）、汞（水病）、銅（水體生態食物鏈破壞）、鉛（影響兒童神經系統正常發育）等重金屬，一旦排入水體中不易分解，累積於生態系中，亦常經由食物鏈危害人體健康。對於工業廢水重金屬排放的嚴格執法，不僅要由源頭處阻斷污染物之排放，以減低水體生態之衝擊，並可省去因為受重金屬污染用水流布澆灌所產生後續耗費耗時之土壤整治復育問題。河川污染整治除了下水道等基礎建設應再加速，政府公權力介入嚴格執法外，民眾的參與亦為整治成效良好與否的重要決定因素。在迎接新年度的來臨之際，熱愛這片土地的您亦應踴躍檢舉河川污染行為，共同改善寶島的親水空間。

2-3 英國人的驕傲──談泰晤士河整治歷經 30 年的努力

英國人終於將泰晤士河由一度如糞坑之臭水溝，整治成清潔且富生機的淨水。60 年代綿延 322 公里，包含鹽水及淡水感潮河段的泰晤士河，提供倫敦居民飲水，卻同時成為排放廢污水的溝渠。Bazalgette 工程師藉由下水道將污水引至下游處理廠，淨化後再排回河中，此係現代下水道系統的基礎藍本。近來，由於污水處理廠的更新及功能提升並將營養鹽去除，進而使泰晤士河的溶氧大幅增加，然而猶如大部分點污染源控制成功的河川一般，非點污染對泰晤士河衝擊逐漸彰顯。倫敦大都會的暴雨逕流，使得泰晤士河發生偶發性的水體惡化，藉由位於河岸的自動監測站，每 15 分鐘將河川水質惡化警報傳回地方環保單位，環保單位可立即派遣所屬的曝氣船至水質惡化河段，以曝氣方式提升水

中溶氧，使水體生態不致因都市暴雨逕流造成嚴重之衝擊。今日已由生物監測的結果顯示，泰晤士河中已有118種魚類及350種底棲生物，其中亦包括只適合生長在潔淨高溶氧環境的物種如鱒魚等，此外亦可在河川入海口發現海豚及海獺之蹤跡，充分證明泰晤士河已在整治工程後回復生機。歷年來國內河川整治已投入龐大的經費，整治成效似乎都未能有效地展現，除下水道等基礎建設及配套的行政管制措施（如離牧政策），應在詳細規劃後積極推動外，未來河川水質改善生態指標物種的展現，似乎能比僅以生化需氧量、懸浮固體等專業物化水質參數的發布，更能使一般民眾體會到政府對河川整治的投資及努力。

2-4 水資源再利用──談薄膜技術

近來逐漸廣泛運用於工業廢水及飲用水處理流程，傳統的逆滲透技術用於二。

級處理後及高科技產業之廢水回收再利用，或海水淡化時之處理流程，其初設費及操作費不僅非常昂貴，且操作時由於薄膜阻塞及壓力坡降減低造成處理效率不彰。近來以微過濾（Microfiltration）及超微過濾（Ultrafiltration）作為逆滲透處理單元之前處理步驟，可大幅減少上述的困擾。微過濾一般乃去除粒徑 0.05 μm 至 1.0 μm 之微粒，而超微過濾則去除分子量在 1,000～500,000 之污染物。微過濾及超微過濾流程除可去除懸浮固體外，亦可適用於藻類及細菌的去除，而超微過濾甚至可去除部分之病毒。以微過濾及超微過濾作為逆滲透處理之前處理單元，不僅可因其能免除大部分懸浮固體所造成逆滲透單元阻塞，亦可去除細菌以防止逆滲透系統之薄膜因生物滋生而劣化（Biofouling）。近來薄膜技術的蓬勃發展，形形色色的薄膜型號樣式，就工業使用的需求，不斷推陳出新。如過去五年，以數千中空纖維管狀（hollow fiber）（0.5 公釐至 1 公釐之管徑）所束成的薄膜系統，被廣泛運用於給水淨水系統，因其可去除梨形鞭毛蟲及陰孢子蟲（Crypto & Giardia）之胞囊。以微過濾及超微過濾作為逆滲透處理單元之前處理，較傳統的混凝沈澱及過濾前處理，在初設費及占地率來得經濟、省空間，且由於經兩種微過濾前處理後，使逆滲透系統較不易阻塞，因而亦節省電力的損耗，亦不產生如混凝沈澱單元之大量的污泥。臺灣由於水資源匱乏，廢水回收再利用逐受重視的今日，薄膜技術在工業

廢水之處理運用扮演重要的角色，此現象又尤以高科技產業陸續採用薄膜技術最為明顯。

2-5 污泥資源化

全國專責人員座談會在北、中、南三區分別展開，會中不少事業及列管場所的專責人員，對於其廢水處理設施產生污泥之後續處理處置問題困擾不已。來自食品製造業、醱酵業、製糖業及肉品市場、魚市場、餐飲業等水污法列管事業，其廢水處理流程所產生的污泥大都屬有機，在適當的中間處理後將可轉為有價資源物質回收使用。加拿大最近成功地將食品製造業產生之廢棄污泥，轉化為高蛋白質、高能量的飼料回收再利用。此回收轉化技術，乃藉嗜高溫菌之培養後，再將其細胞蛋白質回收。此技術不僅可用於食品製造業廢棄物，亦可運用於紙漿業、造紙業、畜牧業或生活污水處理廠之產生污泥，將其轉換為有機肥料或土壤改良劑。加拿大安大略省的污泥加工廠，現今每天可處理 200 至 1,200 噸的污泥，其處理流程係將污泥先製成黏稠狀的泥漿，再經過快速高溫的醱酵反應，將黏漿中的致病菌殺滅，並轉為乾粒狀可回收之飼料或土壤改良劑肥料。其產品市價每噸 180 至 200 美元。本技術之關鍵流程為醱酵反應，其為仰賴嗜溫性、好氧微生物的生物反應。此外，安大略省的污泥處理廠，為避免中間處理過程中所產生的臭味等二次公害，全廠皆為密閉負壓構築，所有排氣皆經過氧化熱分解後再行排放，並達 99% 去除臭味物質之標準。本處理廠替知名的可口可樂、雀巢等食品業回收處理其產生污泥，不僅可資源回收污泥，產生有價肥料及飼料，並可延長當地最終掩埋場之使用年限。

鑑於臺灣事業廢棄物處理處置問題，仍是當前環保主管機關努力的重點。主管機關應多提出革新有創意的作法，如「水泥窯或旋轉窯使用廢溶劑作為輔助燃料認定原則」的公告實施，使歷來難解之廢溶劑處理闢出一條出路。國內目前大多數廢水處理流程產生污泥，僅在簡易的脫水過程後，即送最終掩埋場處置。對於地狹人稠的臺灣最終掩埋場址尋覓不易的狀況而言，如何在廢棄物進入掩埋場前加以減量回收，應為未來思索之課題。事業有機污泥的回收再利用技術，或許在糞土變黃金之餘，亦是未來臺灣在廢棄物問題處理上應採取的對策。

2-6 廢水專責人員不可不知——談放流水標準限值檢驗數據

廢水處理單元在每日操作過程中，常有偶發檢驗監測出放流水生化需氧量或懸浮固體異常超標的狀況，這時操作人員或負責監督之專責人員應立即檢視進流水水質資料、活性污泥槽中 MLSS 濃度及其攝氧率（若為生活處理流程）狀況，若此數據皆無異常狀況，很可能是放流水採樣方法或實驗室中檢驗過程有誤差所導致。以下針對幾個採樣或檢驗過程常犯的錯誤，提供參考：

A. 生化需氧量：採樣過程中若有懸浮固體附著於採樣品上，常影響生化需氧量分析的準確性。操作人員若於採樣品中發現大顆粒的固體物，此樣品可能代表性上有問題，應考量重新取樣。此外，生化需氧量分析過程中。植種的添加液或樣品的稀釋液，所含總溶解性固體物（TDS）有可能影響生化需氧量之最終測值。建議所有樣品之添加液，應調節其鹽度使其與廢水樣品一致，以避免產生檢驗誤差。

B. 化學需氧量：化學需氧量之測值常受氯鹽之干擾，當氯鹽含量超過 2,000 毫克/升時，應添加硫酸汞（Mercuric Sulfate）於樣品中以減低干擾。並採取謹慎的樣品稀釋，將氯鹽濃度調整至接受的測度範圍中。亞鐵或硫化物等還原物質存在於厭氧消化或還原反應過程樣品中，亦可能導致化學需氧量測值異常偏高。

C. 總懸浮固體：採樣過程由於擾動所產生，樣品中採到處理單元附著的大顆粒固體，常是異常總懸浮固體值之主因。此外，廢水中高的總溶解固體物濃度，亦為導致總懸浮固體偏高的原因，可在過濾過程中充分以純水（deionized water）淋洗。

D. 糞便大腸菌（FC）：糞便大腸菌的測值常顯示人體寄生蟲存否的重要指標。然而樣品若遭受其他動物糞便之污染，亦可能使糞便大腸菌測值增高。在此狀況常可同時測定樣品中糞便鏈球菌（FS）之程度，若 FC 對 FS 的比值小於 1 時，表示大腸菌來自其他動物，若 FC 對 FS 的比值大於 4，則可斷定大腸菌來自人類。

2-7 地下水資源之補注及再利用

　　廿世紀是石油的世紀，廿一世紀則是水資源的世紀，「石化能源有許多替代品，水則無可替代」。聯合國於三月二十一日「世界水資源日」公布全球有超過十億人口每日飲用水質安全堪慮，還有多達廿四億人口飲用水未達衛生標準，並警告全球正面臨水資源短缺的威脅，預期水資源短缺將成為本世紀主要經濟和安全問題。臺灣南部飲用水水質不良及因應高科技產業工業用水需求，位居亞熱帶臺灣如何善用水資源更為重要課題。筆者曾參與洛杉磯橘子郡（Orange County）Santa Ana 河川整治工作，認為該河川之水資源再利用可供臺灣參考。南加州水資源亦為匱乏區域，常由北加州及內華達州境外引水使用，然而卻造成地方政府間水權的爭議。為善用 Santa Ana 河川基流，南加州水管局（Water Board）在其河川出海口處，將河水導入多處入滲塘，使河水藉土壤孔隙滲漏地下，再將滲入地下水回送 Santa Ana 河上游加以回收再使用。然而由於優養化藻類孳生，堵塞土壤孔徑，造成河水土壤入滲率大幅減低，導致回收河川基流水量不理想。為解決河水水質，因氮磷營養鹽含量過高而導致的河水優養化問題，以兼具植物復育方式及生態工法等污染去除考量之人造濕地（Constructed Wetland），將水中氮磷濃度有效降低。

　　此外美國德州 El Paso 地區由於地下水長期超量使用，使得地下水位逐年降低，為補注地下水位，El Paso 地區興建了一座每日處理約 38 百萬加侖的廢污水再利用廠。將廚房、浴室使用後之污水，以包含廢水廠及自來水淨水廠處理流程之廢水回收再利用廠，將使用過之廢污水回復至飲用水水質後，再補注地下水水位。

　　El Paso 廢污水再利用廠之處理流程為攔篩、沈砂池、初沈池、調節池、兩段式 PACT 生物處理（加添粉狀活性碳之活性污泥流體化床改良法）、混凝沈澱處理、二段式水中鹼度調節、粒狀活性碳床過濾、加氯消毒等。此外，初沈沈澱污泥以厭氧消化後，併同化學沈澱污泥置於曬乾床，PACT 中含有機物及生物膜之粉狀活性碳則以濕式氧化法再生再利用，以減少廢棄物的產生量。

　　臺灣近年來在推動節約用水的努力下。現今每人每日用水量約為 270 公升，較過去 300 多公升減低不少，工業廢水回收再利用亦有長足進步，尤其目前在環評審查時皆要求半導體、印刷電路板等高科技產業必須有 85% 廢水回收

再利用比例，對於善用水資源亦有貢獻。**臺灣西南沿岸地下水超抽及地下水位逐年下降區域，南加州水資源再利用及德州廢污水再利用等，地下水資源之補注及廢水再利用方式可供參考，惟未來應針對用於補注之再利用處理過之廢污水水質，加以嚴密監測，以防二度污染地下水體水質。**

欲加速污水下水道興建改善河川污染新世紀環保署的工作重點，除持續事業廢棄的管理管制外，河川污染整治將成為另一重要課題。未來河川整治主要目標為提升國人飲用水水源水質，此外針對改善南臺灣惡化之飲用水品質，環保署將高屏溪、二仁溪及將軍溪列為首批整治重點，主要作為如河岸巡守隊的成立，將對不法之河岸污染行為及廢水恣意排放有正面之效益。然而為徹底改善都市化地區以家庭污水為主要污染源之河川水質，興建下水道方為正本清源改善之道。居住於台北市享受捷運之便捷，常有第一等國民之感，孰知，先進國家都市捷運系統之基礎建設歷史已超過百年以上，但以污水下水道之興建而言，卻仍遠落後先進國家百年以上，污水下水道普及率遑論與先進國家主要城市 90% 普及率相比，甚至連鄰近開發中國家如越南、菲律賓都不如。以臺灣地區接管率最高臺北市而言，僅有 46% 之接管率，大多數的縣市接管率仍掛零。日前報載某縣市之議會，竟將 90 年度之下水道興建經費刪減成 1 元之案例。看來如何提升地方政府興建污水下水道之意願及誘因，應為思維之重點。污水下水道興建的好處，包括改善地區生活環境、減低蚊蠅病媒滋生、杜絕化糞池或建築物污水處理設施等治標處理不彰產生溢流之臭味等。污水下水道之普及率，在國際稽效管理（bench marking）中，是為文明之重要指標。臺灣在高科技產業及經濟雖有傲人之成就，然而，現今臺灣大部分家庭之廚房和馬桶排出之污水，只經建築物污水處理設施，將就應付「處理」，而直接流入河川之窘況，致使臺灣河川整治工作未見顯著成效。我們在抱怨前一世代環保先進，未於當年推動下水道系統而採化糞池之污水處理方式之錯誤抉擇的同時，今日若仍大力鼓吹或固守美化之「建築物污水處理設施」並以此掩人耳目，而未能及時推動污水下水道建設及提升普及率，想必下一世代仍會對我們作相同的抱怨。

值此新舊世紀交替之際，期望所有對環境保護懷有熱忱的工作者，協力來推動促成污水下水道的興建，為臺灣打造更舒適清潔之環境願景。

2-8 馬里蘭州水體總量管制制度

臺灣依水污染防治法第九條規定，未來地方環保主管機關將應各水體之水體涵容能力，以廢（污）水排放之總量管制管制之，以改善現今僅以放流水標準管制仍未能達到水體分類水質標準之不足。在近來與美國馬里蘭州環保官員之交談中了解，依美國聯邦淨水法（Clean Water Act）規定馬里蘭州應：

1. 訂定州內水體之水質標準。
2. 定期監測州內之水質狀況。
3. 依可行技術考量及列出未達水質標準之境內水體，並依污染整治之先後排序。
4. 對未達水質標準之水體，考量總量管制策略並送聯邦環保署核定。總量管制制度係為達水體水質標準訂出最大污染物可排放量，並將此可排放量分配於水體內之所有污染排放源。一般而言，總量管制係針對聯邦淨水法之放流水標準或地方較嚴之排放標準及最佳管理操作（BMP），執行後亦無法達成水質標準之水體執行之。

馬里蘭州境內計有130個未達水質標準之水體，未來針對水體所需控制污染物將需考量300個總量管制措施。總量管制應考量點源、非點源、未來污染成長及安全係數，以推估其水體污染可承受量。污染量之分配主要根據水體水質監測結果並以電腦模式估算之。

總量管制之實施方式包括根據核定之總量管制水質管理計畫，重新對所有點源核發排放許可證，對於非點源應實施強制性或自發性的最佳管理操作（BMP）。

在實施總量管制制度後並應隨時評估制度之實施成效，其評估方法包括監測污染排放量、分析管制方式之執行之有效性、評量水質改善之狀況，必要時應重整總量管制計畫內容以求達水體水質標準。以馬里蘭而言，現行之總量管制主要針對氮磷等營養鹽，亦有針對生化需氧量、可沈澱物質及農藥等污染物總量進行管制。

臺灣近來河川污染個案層出不窮，除對不肖業者違法傾倒加強稽查管制外，整體面應由河川流域管制（Watershed Approach）提升水體水質，在行之已久之放流水標準管制，仍無法達成提升水質目的時，未來針對個別水體之污染

物，如高屏溪之氮磷、二仁溪之重金屬，應可配合法令考量以總量管制方式實施。

2-9 放流水標準銅限值之思考

二仁溪綠牡蠣事件，牡蠣含銅量最高達 4400 ppm，曾引起全國消費者的恐慌。水體中銅離子對於浮游生物具強毒性，以往適量硫酸銅曾用來作為殺藻劑，以控制水體優養化問題，嚴重銅污染可導致水體生態食物鏈之破壞。臺灣近來由於金屬處理工業及高科技產業之蓬勃發展，事業廢水不當處理，導致地面水體的重金屬銅污染程度亮出警訊。為因應此環境衝擊，環保機關有效執行放流水標準管制為最直接有效的方式。然而分析現行國內銅的放流水標準限值為 3 mg/L，與美國排放水許可限值（如筆者博士研究之賓州 St. Mary 區域為 0.05 mg/L）相較之下，似較為寬鬆。為控制河川水體及海域重金屬銅污染現況，未來國內銅標準限值可能有加嚴的空間。

放流水標準的增嚴，事業面臨的首要衝擊是為污染防治設施改善之投資。分析現今國內高科技工業所在之工業區污水處理廠，其廢水處理流程大多以活性污泥或生物旋轉盤等生物處理及混凝沈澱之物化處理流程為主。依筆者研究結果顯示，若能有效控制現行生物處理或物化處理流程中之沈澱機制，達到銅 0.5 mg/L 之排放水水質為實廠一般操作可達之基準。適當地選擇混凝劑使用，控制廢水之 pH 值，添加助凝劑，及馴養生物膠羽於特定缺氧狀態，甚至可達排放水銅 0.015 mg/L 之嚴格法定標準，而無需提升現行之生物處理或物化處理至薄膜或過濾等高級處理流程。此研究成果可提供給用地取得及新處理流程投資不易的事業，作為未來面臨標準增嚴後因應之參考。

此外，未來環保機關於修訂放流水標準銅限值的同時，對於環境特殊或需特予保護之水體，應可考量訂定個別較嚴之標準。而針對廢水處理流程產生之污泥，亦應有完善配套之後續處理處置，以防止處理後之銅污染物溶出回到水體生態系統。

2-10 水資源管理趨勢

臺灣隨著生活水準的提升，民眾對於飲用水的水質品質要求日趨升高，而高科技工業的蓬勃發展亦使水量的調配吃緊。研擬適切可行的水資源管理策略是為當前面臨之重要課題。筆者就美國近來所積極推動之非點源污染控制（Nonpointsource pollution control）及流域整體性總量管制（Total Maximum Daily Load, TMDL）策略提供參考。

下世紀棘手的水污染問題——非點源污染美國環保署執行淨水法（Clean Water Act），至今已有二十五年的歷史，今日美國面臨最大的水污染問題，係來自非點源污染，據統計美國境內百分之四十的河川及湖泊污染主要來源為非點源污染。非點源污染係包括來自都市、工廠、礦場、道路施工、施工工地、高爾夫球場等遊樂區之暴雨逕流及農業迴歸水等污染來源。主要污染物為懸浮固體物及營養鹽，此外農藥、油脂及重金屬等污染物質亦可能隨暴雨逕流造成水體衝擊。非點源污染控制除以管末處理之方式對暴雨逕流收集處理外，有效的最佳管理操作（Best Management Practices, BMP），如構築沈砂池、攔砂池之排水作業污染控制，草溝排水路之植生綠帶設置等結構性最佳管理操作作為；農藥、肥料使用管制，廠內污染物適當堆置等污染源控制之非結構性最佳管理操作，皆為有效的非點源污染控制策略。

近來國內對淡水河流域水質監測研究結果顯示，高於百分之八十的懸浮固體物污染係來自非點源。現今環保機關在致力於家庭污水、工業廢水及畜牧廢水等點源污染控制的同時，亦不應忽略下個令人頭痛的水污染問題——非點源污染。

針對成功的流域整體總量管制案例——跨行政區域的Chesapeake流域水體水質復育計畫，馬里蘭州環保局副局長在應邀參加環保署會議中曾指出，依美國聯邦淨水法規定，馬里蘭州每兩年必須將州內未達到水體分類水質標準的水體，依其污染嚴重程度排序，並送聯邦環保署列管。再就此類污染嚴重的水體分析，其主要水污染防治對策，係以電腦模式估算水體涵容能力後，以總量管制方式管制之。大體而言，總量管制係經評估水體涵容能力後，以排放許可（NPDES permit）等方式，分配該水體水污染排放點源如工廠、礦場、牧場、公有污水處理廠等之排放量。總量管制之指標污染物（如生化需氧量、總氮、

總磷等），可視水體水質現況，選擇一種或多種管制之。總量管制的實施應跨行政區域之主體，以整體流域集水區為管制單元，對於流域內所有水污染控制作為進行評估。茲以跨馬里蘭州、維吉尼亞州及賓州之 Chesapeake 流域水質復育計畫為例。

根據水體水質監測結果顯示，Chesapeake Bay 深層有嚴重缺氧現象，在經過模式模擬之科學數據輔助資料研析後，定出 40% 營養鹽污染減量計畫目標。此外亦針對流域內之點源、非點源、甚至於空氣污染物沈降等污染來源，提出具體污染物減量行動計畫。國內水污染防治法第九條，已明訂未來環保主管機關可針對事業密度高，以放流水標準管制仍未能達到水體水質標準者及需特予保護之流域水體，依水體之涵容能力，以廢污水排放之總量管制方式管制之。未來，總量管制的實施將為水資源管理及水污染防治提供另一項利器。

2-11 成功的公民營合作水處理事業（Public-Private-Participation）

法國全國共分六大集水區域管理機構，其水資源管理組織特色為：

1. 管理機構跨行政政府體系之限制以考量流域集水區為主要實體。
2. 基於保護水體生態環境之前提，全面考量用水所需。
3. 建立與民間合作關係，統合政府與民間開發者之互動力量。
4. 有效通暢財務來源並詳密規劃經費運用。

法國飲用水之供應及污水和暴雨逕流之收集及處理，主要由城鎮及社區等地方單位來負責，現有 15,244 個地方單位提供飲用水服務及 11,992 個社區提供污水收集處理服務。在法國淨水法中明確規定，地方政府可委託私有公司提供飲用水及廢污水收集處理服務。

位於巴黎近郊塞納河畔，處理八萬人的公民營合作處理廠，此廠係為省空間之污水處理流程（Compact Systems）運用於污水廠用地取得不易都市區域的成功案例。此污水廠處理量為 40,000 CMD，其廢污水有 80% 來自家庭污水，20% 來自工業廢水，其廢水處理流程為攔污柵－沈砂除油－活性污泥－ Lamella 沈澱池－ Biostyr 脫氮設施。此廢水處理流程可將進流水水質 SS 350; BOD 300; COD700 及 TKN70 mg/L，處理至放流水 SS 7; BOD 7; COD 40 及 TKN 10 mg/L

之水質，遠低於 SS 30; BOD 20; COD 90 及 TKN 10 mg/L 的排放標準。此處理廠污泥產生量約為每週 200 噸，污泥處理流程包括濃縮、消化及離心脫水，且所有廢污水處理設施皆構築於同一棟建築內，整座污水廠皆為負壓調節控制，臭氣因而不外洩，廢氣經收集後，加以三段處理後排放，杜絕因臭氣衍生的二次公害問題，污水處理廠因而可構築於人口稠密的都會區。

2-12 環保新偏方──讓豬排隊上廁所

國內水污染三大主要來源分別為家庭污水、工業廢水及畜牧廢水，其中畜牧廢水之污染比例竟高達 24.7%（以生化需氧量為基礎計）。以高屏溪為例，六成五的污染來自養豬廢水，若能有效杜絕來自畜牧廢水的污染，將來大高雄地區的居民將可以不再喝到加有高濃度氯消毒的自來水。目前國內大多數的養豬場，其廢污水處理設施，充其量僅能去除 BOD 等有機污染物，至於氮磷等營養鹽，仍未去除而隨放流排入水體，造成河川優養問題。

最近環保署水保處阮國棟處長提出，「讓豬排隊上廁所之跨世紀環保革命」，以改變豬隻如廁習性，有效達到節水等污染源控制，甚而達到「零排放、零污染」的目標。傳統養豬場都在平地上飼養豬隻，豬在地面上吃喝拉撒，加上豬生性好奇，會用身體摩擦打滾，弄得地面上混雜著糞尿及污物，養豬戶為擔心髒亂環境將孳生病菌，造成類似口蹄疫之傳染病情，不得不每天為豬沖澡並清洗豬舍，因而產生含高濃度有機污染物之廢水，形成後續廢水處理的困擾。位於屏東順天牧場，在傳統豬舍內砌起水泥槽豬廁所，並預先於廁所內放入一些豬糞尿，讓豬聞臭而來上廁所，且為防止豬隻在上完廁所後，豬蹄踩到糞尿再將其帶回豬舍，遂於豬廁所內以 8 公分的鐵條，架起高 10 公分，行間距 22 公分，列間距 65 公分之高臺豬廁所，如此一來，豬糞尿便會掉至高台下，不致沾污到豬隻身體。順天牧場在構築了高台廁所後，牧場用水量大幅減少，以前每日需為豬沖澡一、兩次，現在每星期洗一次即可，用水量足足少了八倍。環保署亦針對由豬廁所收集之豬糞便，將其回收製成堆肥，進而資源利用之技術進行研究，未來國內現有七百萬頭豬，或許都可以有自己的廁所了。人不是亦都會上廁所？但是生活污水仍為三大污染源之一，都市衛生下水道系統建設須得再加油！

2-13 來自風車之國的環保經驗

　　由荷蘭經濟部副部長 Mr. Engering 帶領結合官方及商業代表團於日前來訪，筆者在參與環保署所舉辦之「中荷高科技產業廢水研討會」及荷蘭代表團員拜訪環訓所之訪談中，對於荷蘭先進的環保技術及環境政策，印象深刻。

荷蘭環保政策五金律（Five Gold Rules）　　在荷蘭工業局副局長 Mr. Van Der Lann 講演中表示，過去十二年間，荷蘭政府基於五金律與各工業協商，目的在於使工業自發性實施能源節約策略。其成功的案例，使荷蘭工業每年提升能源效率達 14.5%，此相當於節約 29.5 億噸的天然氣能源，合計約節省 2 億 2 千 5 百萬美元。此環境保護五項金律為：

- Use technology as a bridge between economy and ecology──以科技提升經濟發展之時亦兼顧生態保育。
- Benchmark with the best performers in the world──將績效管理概念運用於環境保護政策革新，荷蘭選定世界各國中最佳的環保策略為標的，不斷提升其環保政策。
- High demands strengthen innovative power──由於人口膨脹及工業發展，加上荷蘭民眾優良生活環境的需求，促使污染事業必須以創新的污防技術，符合嚴格的環保法令。
- Work bottom up, commit all stakeholders──教育民眾使環境永續發展之概念，深植民心，進而使民眾要求政府制定完善的環保政策，而工業亦自發性地投資於環保，以符合政府政策。
- Give environmental impact a price──環境實為無價，然而為提升環境政策的推行，課徵污防稅及補助對環境有利之作為，以產生環境保護之經濟誘因。污防新技術荷蘭結合薄膜技術與活性污防法，為未來廢水生物處理的新趨勢。以薄膜處理取代傳統沈澱池分離固液，可減低以往污泥膨化造成放流水惡化的問題，且由於曝氣池中 MLSS 濃度可減低，廢棄污泥量因而大幅減少。另有，上流式厭氣污泥床（UASB）加上後續硫酸鹽轉化床，可同時去除水中有機污染物、硫及重金屬。此技術之特點，除可將有機物於厭氣狀態，轉換為可回收甲烷氣資源，硫酸鹽在還原為二價硫離子後，亦可與廢水中重金屬結合，以沈澱機制去除。兩項污防新技術，可運用於國內特殊工業廢水或污染地下水之處理。

2-14 參訪德國環境保護訓練之見聞

　　德國的環境保護工作與國際其他國家相較，實已達良好的程度，參訪過程中，對於萊茵河系清澈的河水及努力營造民眾親水空間之整體印象最為深刻。德國廢棄物的回收制度具提供國內參考之價值，焚化爐及發電廠除需符合嚴格之空氣污染防制標準外，亦兼顧環境永續發展的概念；此外，環境保護的教育制度及證照系統亦有其獨到之處。環境保護教育系統及證照制度德國將環境保護的相關概念充分融入於其雙軌制技職訓練的過程中，如油漆學徒必須了解噴漆時避免造成有機溶劑及油漆微滴溢散之空氣污染防制措施。木工學徒則學習於作業過程中將鉋屑回收以作為資源再利用。汽車修理工應了解於修護過程中將廢棄的零件分類回收，並將汽車於作業中所排之大量污染廢氣收集處理排收。一般而言，德國雖無所謂專科之「環工專門科」，然而環境保護之概念及其專業學門卻是德國雙軌制教育中每位學徒所必備之訓練。柏林科技大學，具有完整的環境工程專業研究及課程。環境工程課程主要是包含於兼容單元操作、材料科學及環境技術科系中，其前身乃是德國唯一的環境工程學院。柏林科大近來的主要環境工程研究包括有害廢棄物不當掩埋造成土壤污染及地下水污染之偵測及整治、塑膠等有價廢棄物之高效率回收技術、工業廢水之高級處理技術及環境管理課程等，柏林科大之完整先進的課程值得國內環保從業人員進修學習。

　　德國基於其國情的不同，其公會及工會具有相當高的權力及控制性，環保證照基本上乃由公會認證發放。專責人員仍需經過學歷、經歷之審核，經過訓練後以考試的方式取決其能力是否足以勝任。值得一提的是，其環保證照制度對在職訓練要求非常嚴格，大體而言，環保專責人員必須每年從事二週左右之在職訓練，以學習其專業科目與環境工程及環境管理的概念，且所核發證書執照每三到五年不等應更換一次。在職訓練對專責人員作業專業能力之提升，扮演重要的角色。德國 CDG 職業訓練協會所編排之短期環境管理課程，包括工業與環保、永續能源之運用、交通與運輸、永續海洋及海岸利用、永續城市發展、提升私人參與環保概念及環保與生態規劃等課程，其設計內容值得國內參考。

空氣污染防制對策

德國空氣污染根據統計主要來自於工業、公路交通及發電廠,由於其完善的空氣污染防制對策,使得 1980 年至 1994 年間老聯邦州的工業及發電廠其二氧化碳排放量減少三分之一。二氧化氮的排放量降低了 50%。此乃根據「大型燃燒設備規定」及「空氣淨化技術指南」等法令規定促使發電廠經營者及工業界迅速改裝其空氣污染物過濾器、去除設備或催化器等措施。在交通方面,德國通過使用無鉛汽油的規定大幅減少了交通空氣污染。目前無鉛汽油的銷售比例已達 95%,此外通過採用淨化廢氣的催化器使用,使得二氧化氮、碳氫化合物及一氧化碳的污染日漸減低。

1994 年德國已停止 CFC 之製造生產,可有效減輕其對臭氧層之衝擊。有關溫室效應氣體之減低方面,德國以 1990 年為基準,至西元 2005 年減少二氧化碳排放量達 25%。統計資料顯示,從 1990 年至 1994 年間,二氧化碳排放量已降低大約 13%。此參訪行程中拜會東德具規模之褐煤發電廠,該廠先前因空氣污染物 NOx、SOx 及 CO 和 CO_2 排放無法達到國家標準被迫減產,今以碳酸鈣($CaCO_3$)脫去二氧化碳之方式產生可回收利用之石膏($CaSO_4$)有效控制 SOx。控制氮氧化物則使用控制燃燒溫度的方式以減低其排放量。該廠亦設定空氣污染排放目標值以供環境保護計畫之訂定。科隆附近私有化垃圾焚化廠,其完善的空氣污染防制設備 Scrubber,加上靜電集塵器(EP)及催化器和活性碳吸附流程,可大大減少垃圾焚化過程戴奧辛之排放量。此外在焚化廠外架設有大型數據看板,即時顯示煙囪污染物自動監測儀量測所得之各類空氣污染物排放現況數據,讓附近民眾充分享有知的權利。

水污染防治對策德國萊茵河系其河水清澈,在科隆城市附近隨處可見垂釣、游泳及戲水之民眾,德國在水污染防治上不遺餘力充分提供民眾親水的空間。德國之下水道及污水處理系統完善,公有污水處理廠至少有二級以上之處理流程,在控制水體優養化方面除有氮磷污染物之廢污水處理流程外,亦鼓勵民眾使用無磷清潔劑以減低營養鹽污染之排放。前東德之易北(Elbe)河水清澈程度較前西德之萊茵河系差,可見於東西德合併前其水污染防治程度仍有落差,即使如此,易北河岸仍有垂釣之民眾,沿河之旅遊業尚稱興盛。此外易北河兩岸常見坡度高於 25 度以上之葡萄園,政府似乎無強制性之非點源污染控制對策,但由於果園與河川之間皆有足夠之緩衝帶(Buffer Zone),可能對暴雨

逕流污染之減低有重要貢獻。

德國除有水污染排放標準外,亦有廢水徵稅法(類似國內設計中之水污染防治費徵收制度),對水體保護具有舉足輕重之貢獻。此法令大大減低了城鎮及工業有害污染物質及營養鹽污染之排放。此外,1996 年 1 月實施制定之肥料法規,亦對減輕硝酸鹽之水污染邁出一大步。

德國環境保護專責證照制度中,強調專責人員在職訓練的規定值得國內學習,此可使專責人員了解最新污染處理及防治技術觀念。此外,柏林科技大學完整之環境工程與管理研究及課程可提供國內環保專業人員從事進修之參考,亦可考慮為環保交流之合作對象。而空氣污染、水污染防治,乃至於廢棄物資源回收制度當中,亦有不少策略可作為日後國內環境保護政策擬定之借鏡。

2-15 畜牧糞尿沼液沼渣作為農地肥分使用評估計畫

依據行政院農業委員會 103 年 7 月底統計資料,臺閩地區總養豬戶數 8,198 場之在養頭數為 553 萬 9,130 頭,養豬戶數及在養頭數主要集中於屏東縣、雲林縣、彰化縣、臺南市、嘉義縣、高雄市等南部 6 大農業縣市。豬糞尿廢水含高濃度有機物及氮、磷等營養鹽,影響承受水體,亦會產生各種臭味氣體如 H_2S,衍生臭味問題,自新虎尾溪往南至二仁溪,畜牧廢水為中南部地區河川污染的主要來源之一;另畜牧廢水如排至水庫集水區或水源區,將增加水處理負擔並衝擊民眾用水安全。

臺灣目前畜牧廢水多採用三段式廢水處理,即多年來對於降低臺灣環境營養鹽類負荷有相當貢獻,但此方式處理過程既消耗能源又損失可利用資源,且處理費用亦高,因此尋求其他成本低、環保且安全的再利用方式,成為國內環保單位的研究方向。歐美許多國家將未經處理之畜牧廢水直接施用於農田作為肥料,已行之多年。但依據目前國內廢棄物處理法規,未經處理之畜牧廢水不可直接施用於農田作為肥料。本篇乃針對豬糞尿廢棄物,結合國外經驗,擬定環保突破創新策略,提供畜牧廢棄物資源化及再利用之新思維。

在臺灣畜牧廢水處理主要使用有三段式厭氧處理流程,而農委會近來則推行減污、節水措施,以畜牧廢水回灌農田以減少廢水排放,且可減少須被徵收水污防制費之業者需繳納的費用。

以往臺灣畜牧廢水係以三段式厭氧處理設施，依法令規定處理達標準後進行排放，但環保署於 104 年 5 月 1 日起開徵水污染防制費，畜牧業被列為第三年起徵收的對象，其徵收項目包含 (1) 化學需氧量；(2) 懸浮固體；(3) 鉛；(4) 鎳；(5) 銅；(6) 總汞；(7) 鎘；(8) 總鉻；(9) 砷；(10) 氰化物；及 (11) 其他經中央主管機關指定公告之項目，且畜牧業與工業徵收費率相同，是以「徵收項目費率 × 水質 × 水量」公式計算。水污染防治費開徵後，勢必增加了畜牧業者的一大成本，因此如何減少廢水排放為重要的問題。

　　因此推動規模化禽畜糞液污染減量及沼氣發電、供熱製冷、沼渣沼液還肥於田等相關工程及回收再利用；也可減少溫室氣體排放，因此評估沼氣回收再利用之碳權認證及綠電認購等機制有其必要性。以特定河段或排水為例，評估河段或排水流域內區域性沼氣中心之設置可行性，旨在協助畜牧業者處理畜牧糞尿及降低業者畜牧廢水水污費用，並進行一段式沼氣發電，降低碳排放的同時產生綠電。畜牧業者及禽畜糞液能源回收業者之沼氣再利用技術開發與能源回收推動方式、操作營運及未來規劃執行作為以供後續推動設置區域型沼氣中心或沼氣再利用設施等相關執行之參考；及評估禽畜糞液沼氣再利用設施與技術因地制宜推廣應用於我國畜牧業者之可行性。

附錄

相關法規

一、下水道法

中華民國七十三年十二月二十一日總統令公布

中華民國八十九年十二月二十日華總一義字第 8900301080 號令公布修正第三條至第五條、第九條至第十一條、第十四條、第十六條、第二十二條、第二十五條、第二十六條及第三十條條文

中華民國九十六年一月三日總統華總一義字第 09500186531 號令修正公布第二十一條條文

第一章 總則

第一條　為促進都市計畫地區及指定地區下水道之建設與管理，以保護水域水質，特制定本法；本法未規定者適用其他法律。

第二條　本法用辭定義如下：
　　一、下水：指排水區域內之雨水、家庭污水及事業廢水。
　　二、下水道：指為處理下水而設之公共及專用下水道。
　　三、公共下水道：指供公共使用之下水道。
　　四、專用下水道：指供特定地區或場所使用而設置尚未納入公共下水道之下水道。
　　五、下水道用戶：指依本法及下水道管理規章接用下水道者。
　　六、用戶排水設備：指下水道用戶因接用下水道以排洩下水所設之管渠及有關設備。
　　七、排水區域：指下水道依其計畫排除下水之地區。

第三條　本法所稱主管機關：在中央為內政部；在直轄市為直轄市政府；在縣（市）為縣（市）政府。

第四條　中央主管機關辦理下列事項：
一、下水道發展政策、方案之訂定。
二、下水道法規之訂定及審核。
三、直轄市、縣（市）下水道系統發展計畫之核定。
四、直轄市、縣（市）下水道建設、管理與研究發展之監督及輔導。
五、下水道操作、維護人員之技能檢定及訓練。
六、下水道技術之研究發展。
七、跨越直轄市與縣（市）或二縣（市）以上下水道規劃、建設及管理之協調。
八、其他有關全國性下水道事宜。
前項各款事項涉及環保及水利者，應會同中央環保及水利主管機關辦理之。

第五條　直轄市主管機關辦理下列事項：
一、直轄市下水道建設之規劃及實施。
二、直轄市下水道法規之訂定。
三、直轄市下水道技術之研究發展。
四、直轄市屬下水道之管理。
五、直轄市下水道操作、維護人員之訓練。
六、其他有關直轄市下水道事宜。

第六條　縣主管機關辦理下列事項：
一、縣下水道建設之規劃及實施。
二、縣下水道單行規章之訂定。
三、縣屬下水道之管理。
四、鄉（鎮、市）下水道建設與管理之監督及輔導。
五、其他有關縣下水道事宜。
省轄市下水道，由省轄市主管機關準用前項第一款至第三款及第五款之規定辦理。

第七條　公共下水道，由地方政府或鄉（鎮、市）公所建設及管理。但必要時主管機關得指定有關之公營事業機構建設、管理之。

第八條　政府機關或公營事業機構，新開發社區、工業區之專用下水道，由各該機關或機構建設、管理之。
私人新開發社區、工業區或經主管機關指定之地區或場所，應設置專用下水道。但必要時，得由當地政府、鄉（鎮、市）公所或指定有關之公營事業機構建設、管理之。其建設費依建築基地及樓地板面積計算分擔之。
前項應分擔之建設費於申請核發建造執照時，向各該建築物起造人徵收之。建設費徵收辦法，由中央主管機關定之。

第九條　中央、直轄市及縣（市）主管機關，為建設及管理下水道，應指定或設置下水道機構，負責辦理下水道之建設及管理事項。

第二章　工程及建設

第十條　下水道工程設施標準，由中央主管機關定之。

第十一條　直轄市、縣（市）主管機關，應視實際需要，配合區域排水系統，訂定區域性下水道計畫，報請中央主管機關核定後，循法定程序納入都市計畫或區域計畫實施。

第十二條　下水道工程之施工，應與其他有關公共設施同時規劃並配合進行。

第十三條　下水道機構因工程上之必要，得洽商有關主管機關使用河川、溝渠、橋樑、涵洞、堤防、道路、公園、綠地等。但以不妨礙原有效用為限。

第十四條　下水道機構因工程上之必要，得在公、私有土地下埋設管渠或其他設備，其土地所有人、占有人或使用人不得拒絕。但應擇其損害最少之處所及方法為之，並應支付償金。如對處所及方法之選擇或支付償金有異議時，應報請中央主管機關核定後為之。

因埋設前項管渠或其他設備，致其土地所有權人無法附建防空避難設備或法定停車場時，經當地主管建築機關勘查屬實者，得就該埋設管渠或其他設備直接影響部分，免予附建防空避難設備或法定停車場。

第十五條　下水道機構因管渠或有關設之規劃、設計與施工而須將其他地下設施為必要之處置時，應事先與有關機關取得協議。協議不成，應報請主管機關會商有關機關決定之。

第十六條　下水道機構因勘查、測量、施工或維護下水道，臨時使用公、私土地時，土地所有人、占有人或使用人不得拒絕。但提供使用之土地因而遭受損害時，應予補償。如對補償有異議時，應報請中央主管機關核定後為之。

第十七條　下水道之規劃、設計及監造，得委託登記開業之有關專業技師辦理。其由政府機關自行規劃、設計及監造者，應由符合中央主管機關規定之技術人員擔任之。

第十八條　下水道設施之操作、維護，應由技能檢定合格人員擔任之。其技能檢定辦法，由中央主管機關定之。

第三章　使用、管理

第十九條　下水道機構，應於下水道開始使用前。將排水區域、開始使用日期、接用程序及下水道管理規章公告週知。

下水道排水區域內之下水，除經當地主管機關核准者外，應依公告規定排洩於下水道之內。

第二十條　用戶排水設備之管理、維護，由下水道用戶自行負責。

第二十一條　用戶排水設備，應由登記合格之下水道用戶排水設備承裝商或自來水管承裝商承裝。承裝商僱用之技工，應經技能檢定合格，並經中央主管機關訓練合格。
　　　　　　前項下水道用戶排水設備承裝商管理規則，由中央主管機關定之。
第二十二條　用戶排水設備須經下水道機構檢驗合格，始得聯接於下水道。其檢驗不合格者，下水道機構應限期責令改善。
　　　　　　用戶排水設備之標準，由中央主管機關定之。
第二十三條　下水道用戶非使用他人之排水設備不能排洩下水者，應申請下水道機構核准，始得聯接使用，並應按受益程度分擔其設置、使用及維護費用。
　　　　　　前項用戶排水設備如需擴充、改良始得聯接使用者，其擴充、改良費用，由申請聯接之用戶負擔。
第二十四條　下水道機構，得派員攜帶證明文件檢查用戶排水設備、測定流量、檢驗水質。
第二十五條　下水道可容納排入之下水水質標準，由下水道機構擬訂，報請直轄市、縣（市）主管機關核定後公告之。
　　　　　　下水道用戶排洩下水，超過前項規定標準者，下水道機構應限期責令改善；其情節重大者，得通知停止使用。

第四章　使用費

第二十六條　用戶使用下水道，應繳納使用費；其計收方式如下：
　　　　　　一、按下水道用戶使用自來水及其他用水之用量比例計收。
　　　　　　二、按下水道用戶排放之下水水質及水量計收。
　　　　　　三、其他經主管機關核定之方式。
　　　　　　前項使用費計算公式及徵收辦法，由直轄市、縣（市）主管機關擬定，報請中央主管機關核定之。
第二十七條　下水道用戶不依規定繳納下水道使用費者，得自繳納期限屆滿之次日起，每逾三日加徵應納使用費額百分之一滯納金；逾期一個月經催告而仍不繳納者，得移送法院裁定後強制執行。

第五章　監督與輔導

第二十八條　下水道排放之放流水，超過水污染防治主管機關規定之放流水標準者，下水道機構應即改善。
第二十九條　主管機關對於未依規定期限，設置用戶排水設備並完成與下水道聯接使用者，除依第三十二條規定處罰外，並得命下水道機構代為辦理，所需費用由下水道用戶負擔。
　　　　　　前項下水道用戶，應負擔之費用，經催告逾期不繳納者，得移送裁定後強制

執行。

第三十條　直轄市、縣（市）主管機關，應定期檢查下水道機構各項設施、放流水水質、器材、財務與有關資料及紀錄。

第六章　罰則

第三十一條　毀損下水道主要設備或以其他行為使下水道不堪使用或發生危險者，處六個月以上五年以下有期徒刑，得併科五千元以上五萬元以下罰金。

第三十二條　下水道用戶有左列情事之一者。處一千元以上一萬元以下罰鍰：
一、不依規定期限將下水排洩於下水道者。
二、違反第二十二條規定，未經檢驗合格而聯接使用，或經檢驗不合格而不依限期改善者。
三、拒絕下水道機構依第二十四條規定之檢查或檢驗者。
四、違反第二十五條第二項規定不依限期改善者。
　　工廠、礦場或經中央主管機關指定之事業，經依前項第四款規定連續處罰三次而不改善者，主管機關得報請其目的事業主管機關予以停業處分。

第三十三條　本法所定之罰鍰，由主管機關處罰；經通知而逾期不繳納者，得移送法院強制執行。

第七章　附則

第三十四條　本法施行細則，由中央主管機關定之。
第三十五條　本法自公布日施行。

工業區下水道使用管理規章

中華民國八十八年九月一日公告施行
中華民國九十二年四月十六日公告修正
中華民國九十六年八月一日公告修正
中華民國九十六年十二月二十日公告修正第十六條條文
中華民國九十八年十二月十一日公告修正第七條條文
中華民國九十九年五月二十八日公告修正第二十二條條文
中華民國九十九年九月二十日公告修正第十八條及第二十二條條文
中華民國一〇〇年三月二十八日公告修正第十一條、第十六條、第二十一條、第二十三條及第二十八條條文

【引用法條依據】

第一條　○○工業區服務中心為下水道機構（以下簡稱本機構），為○○工業區下水道系統之使用管理，依據下水道法第十九條第一項規定訂定本規章。

【用語定義】

第二條　本規章之用語定義如下：
　　一、工業區下水道機構：經直轄市、縣（市）主管機關指定建設及管理工業區下水道之機構。
　　二、用戶：於公告處理區域內之事業用戶、一般用戶，或非屬公告處理區域內之特定用戶，依下水道法、水污染防治法及本規章接用或使用下水道者稱之。
　　三、一般用戶：非屬水污染防治法所規範之事業，或僅排放生活污水者稱之。
　　四、事業用戶：非屬一般用戶之用戶稱之。
　　五、特定用戶：經本機構特予核可廢（污）水納入之用戶稱之。
　　六、排放口：指用戶排放廢（污）水進入工業區污水下水道前，所設置之固定放流設施。
　　七、同意納管證明：本機構為用戶排放廢（污）水得納入於工業區污水下水道所核發之證明文件。
　　八、聯接使用證明：本機構為用戶排水設備完成聯接於工業區污水下水道所核發之證明文件。
　　九、下水水質標準：工業區下水道可容納用戶排入下水之水質標準。
　　十、拒絕納入：用戶違反本規章或其他相關規定，經本機構裁定停止排放廢（污）水至工業區污水下水道之行為。
　　十一、恢復接管：用戶因違反本規章經拒絕納入後，重新申請接管，於查驗合格後，恢復使用工業區污水下水道暨核發聯接使用證明。
　　十二、污水處理系統使用費（以下簡稱使用費）：下水道機構為正常營運污水處

理系統所需之操作、維護及管理成本，依經濟部、直轄市或縣（市）政府核定之費率，向用戶所收取之費用。

【專管排放之規定】
第三條 用戶因下列情形之一者，經本機構同意後，得依下水道法及水污染防治法等相關規定，向當地下水道及環保主管機關，申請廢（污）水專管排放許可函及放流水排放許可證等相關事宜：
一、工業區內污水收集管線尚未或無法敷設到達者。
二、工業區內污水下水道系統因收集、處理容量已達飽和且未能擴充者。
三、所排放水質含有污水處理廠無法處理特殊物質者。
四、於工業區污水下水道系統建設完成前，或因處理容量不足而未完成擴建前，已自行設置廢（污）水處理設施，且排放水質符合放流水標準者。
五、已依水污染防治法取得排放許可證，期滿仍繼續使用，申請核准展延者。

前項廢（污）水專管排放，其放流口應設置於工業區外之承受水體，並不得與區內雨、污水系統相接。

第一項第四款、第五款專管排放用戶之放流水經環保主管機關查有未符合放流水標準，且情節重大遭勒令歇業者，由本機構撤銷自行排放同意函，函請當地下水道主管機關撤銷相關排放許可，並輔導其申請納管。

【專管排放應向本機構檢附之書圖文件】
第四條 前條申請廢（污）水專管排放者，須檢附下列書圖文件：
一、下水道排水區域圖。
二、管線系統分布平面圖。
三、管線縱橫斷面圖（包括管材、管徑、埋設位置、高度、坡度、長度、流量等）。
四、處理設施及抽水設施平面圖、水位關係圖、構造圖等。
五、排放口位置及設計圖。
六、開工、竣工日期。

【用戶得申請同意納管及聯接使用證明】
第五條 用戶得依實際需要向本機構申請核發同意納管證明。
用戶得依下水道法、水污染防治法及其他相關規定，向本機構申請核發聯接使用證明。

【廢污水同意納管及聯接使用書圖文件表格】

第六條　用戶申請廢（污）水納管及聯接使用之相關書圖文件表格，其申請程序與表格由本機構訂之，並報主管機關備查。

【本機構受理用戶申請納管與聯接使用證明之作業流程】

第七條　用戶依第五條申請廢（污）水納管與聯接使用時，所檢具文件有欠缺或不合規定者，本機構於收件之日起三個工作天內通知限期補正，用戶應遵期補正；逾期不補正者，視為撤回申請。

前項用戶申請廢（污）水納管，應檢具之文件備齊且合於規定者，本機構於三個工作天內核發同意納管證明。

第一項用戶申請廢(污)水聯接使用，應檢具之書圖文件備齊者，本機構於七個工作天內完成現場勘驗及核可後，核發聯接使用證明。

【下水道系統下水水質標準之規定】

第八條　為維護工業區下水道系統之運作功能，用戶排入水質，應符合下水水質標準。

本機構得依污水處理廠之處理功能，修正污水下水道管制項目及下水水質標準。

本機構訂定與修正下水水質標準，應報請主管機關核定後公告之。

【用戶對排水設備應負擔之管理】

第九條　用戶排水設備應自行負擔裝設、操作、維護與校正等費用，並應隨時保持良好操作狀況。

用戶之廢（污）水無法符合下水水質標準時，應設置預先處理設施，用戶排水設備之操作、維護、流量計校正、污泥處置應由用戶作成紀錄，並保存三年備查。

第一項用戶排水設備之裝設，應檢具書圖文件向本機構申請審查合格後，始得施工，並於施工完成後，經本機構檢驗合格，始得聯接於污水下水道；如有變更設計或改裝時，亦同。

【用戶應自行裝置排水設備】

第十條　用戶應於其所有土地或可依法使用之土地設置排放口，並應自行裝設相關排水設備，以進行流量計量或水質監測。

前項排放口附近，須有足夠空間與適當進出口，以供本機構進行檢視、採樣或流量測定。

第一項之流量計量、水質監測之設備規範，由本機構擬訂，報請經濟部工業局核可後公告之。

【本機構對用戶計量設備之管理】

第十一條　用戶所裝置廢（污）水流量計量設備之安裝條件及方法應經本機構認可後，始得設置使用。

用戶對廢（污）水流量計量設備應每二年至少校正一次，但如經本機構查核已無法準確計量時，另應依本機構之通知辦理校正，並將結果送本機構備查；其流量計量設備於校正或送修之當月污水計量，以前十二個月之平均值計算。流量計量設備之校正應送全國認證基金會實驗室認證體系認可之校正機構辦理。

用戶廢（污）水流量計量設備無法準確紀錄流量時，須於三日內以書面或電子資料傳輸方式通知本機構，並檢具相關佐證資料及改善措施計畫，經本機構審查核可後，得准予限期改善；用戶廢（污）水流量計量設備修復或改裝完成時，亦同。其改善期間當月之污水計量，依第二項規定辦理。

用戶廢（污）水流量計量設備經本機構查核未能正確計量，經本機構以書面通知限期改善而未改善者，其當月污水計量應依前三次已有量測紀錄中之最大水量計算，並得依第二十五條規定辦理。

用戶之廢（污）水流量計量設備得向本機構租用，其租金按月併使用費向本機構繳納。本機構提供租用之廢（污）水流量計量設備應依規定向全國認證基金會實驗室認證體系認可之校正機構辦理校正。

用戶違反第四項規定，經通知改善而未改善者，本機構得報請主管機關核准後，代為辦理換裝流量計量設備，並依第五項向用戶收取租金。

租用流量計量設備之租金標準由本機構訂之，並報請經濟部核可後公告之。

【本機構得查核用戶相關設施及遭遇用戶不配合之處理】

第十二條　本機構得派員攜帶證明文件及必要之設備進入用戶廠（場）所，查核自來水水錶、地下水水錶、廢（污）水預先處理設施、排水設備、流量計量設備、水質監測設備、污水管制閥及排放口等相關設施，並得進行採樣、監測及流量測定作業，用戶不得規避、妨礙或拒絕。

用戶以規避、妨礙或拒絕進廠查核者，本機構得照相或錄影存證，並繼續查核工作。

用戶違反第一項規定，本機構依第二十五條規定辦理。

【無法抄錄用戶廢（污）水水量或檢測放流水質時之處理】

第十三條　本機構無法抄錄用戶排放廢（污）水水量或檢測水質時，其水量與水質，應依前三次已有量測紀錄中之最大水量與最高水質計算。

前項用戶排放廢（污）水之水量與水質，經連續二次無法抄錄或檢測時，本機構得通知約期候抄或候檢，屆時仍無法抄錄水量或檢測水質時，依第二十五條規定辦理。

【用戶使用下水道應繳納使用費計收方式】
第十四條　用戶使用下水道，其使用費之計收方式如下：
　　　　　一、設置流量計者，按所排放廢（污）水之水量及水質計收。
　　　　　二、未設置流量計者，按使用自來水、地下水及其他用水之總量百分之八十及排放廢（污）水水質計收。
　　　　　三、一般用戶及特定用戶得按單一費率乘以水量計收。
　　　　　四、用戶經本機構專案核准採用申報制度者，得依其申報之水量、水質計收。
　　　　　前項使用費計算公式，由本機構訂之，並報請中央工業主管機關核定後公告之。

【用戶對本機構開徵之使用費有疑義時之處理】
第十五條　用戶對本機構所收取之使用費有疑義時，得於收到繳款憑單後十日內向本機構申請複查，並應依複查結果繳清當期使用費。
　　　　　前項複查以一次為限，用戶對複查結果仍有異議時，得依行政程序規定提出行政救濟。

【用戶逾期未繳納使用費之處理】
第十六條　用戶逾期未繳納使用費，自繳納期限屆滿之次日起，每逾三日加徵應納使用費額百分之一滯納金。
　　　　　前項用戶逾期一個月經催告而仍不繳納者，依法移送強制執行。

【用戶逾期未將廢（污）水納入污水下水道之處理】
第十七條　用戶排放廢（污）水未依下水道法規定與污水下水道完成聯接使用者，本機構應依下水道法相關規定向主管機關舉發，並副知環保主管機關備查。

【用戶廢（污）水納入後其他違規行為之處理】
第十八條　用戶如有下列情形，本機構依第二十五條規定辦理：
　　　　　一、經通知停止使用污水下水道系統，仍逕行將廢（污）水排入污水下水道者。
　　　　　二、擅自將污水、作業廢水、洩放廢水、未接觸冷卻水、逕流廢水排入雨水下水道或區外承受水體者。
　　　　　三、將廢（污）水繞流而未經計量、採樣、監測設備排入污水下水道者。
　　　　　四、將廢（污）水私接暗管或未經排放口排入污水下水道者。
　　　　　經本機構查獲用戶有前項設置繞流管、私接暗管將廢（污）水排入污水下水道、雨水下水道、區外承受水體者，或將廢（污）水經廠區雨水排放口排入雨水下水道者，用戶除應立即停止排放外，並應自行將所設置之繞流管、私接暗

管立即封管處理外，本機構亦將通報下水道及環保主管機關。

【本機構對用戶異常排放廢（污）水之處理】

第十九條　用戶因生產設備或污水排水設備故障，異常排放廢（污）水時，應立即採取緊急應變措施並通知本機構。其水質符合下水水質標準後，應再行通知本機構，並於五日內向本機構申報異常排放量及提出緊急應變處理報告書。

用戶異常水質如無法自行處理，應依相關法令規定貯存，於報請本機構同意後，以桶槽運輸至本機構專案處理。

用戶未依前二項處理異常排放廢（污）水，致毀損下水道或使下水道不堪使用或遭致環保主管機關處罰，本機構除依下水道法相關規定向主管機關舉發，並應就所受損害及所受處罰，依第二十四條規定向用戶求償。

【本機構對用戶違反本規章或下水水質標準之處理】

第二十條　用戶排放廢（污）水違反本規章或下水水質標準，應依本機構所核給期限改善。

用戶排放廢（污）水之水質及水量可能損害污水處理系統時，本機構得通知用戶立即停止排水並提出改善方案。用戶應採取緊急應變措施並提送改善方案，經本機構同意後，始得排放廢（污）水。

前項用戶逾期未提改善方案或未依所提改善方案改善者，本機構依第二十五條規定辦理。

【用戶排放廢（污）水超過下水水質標準時使用費之計徵】

第二十一條　用戶排放廢（污）水之懸浮固體、化學需氧量、重金屬超過下水水質標準時，其異常或違規使用費之計收方式如下：

一、經用戶主動以傳真、電子郵件（使用電話者，於三小時內補辦前述文件）通知有異常排放廢（污）水者：

（一）收費水質：本機構接獲用戶通知異常排放廢（污）水當日，經採樣檢測所得之水質。

（二）收費日數：自被通知異常日起，至本機構經用戶通知改善完成，且查驗其排放水質符合下水水質標準之前一日止。其異常排放於當日改善完成者，以一日計。

（三）收費水量：

1. 設置計量設備者：自被通知異常日起，至本機構經用戶通知改善完成，且查驗其排放水質符合下水水質標準時，所抄錄之起迄讀數計算。

2. 未設置計量設備者：依當月排放廢（污）水之日平均值乘以異常排放廢（污）水之收費日數計算。

（四）異常使用費計收方式：
1. 懸浮固體、化學需氧量、重金屬以水質水量分級費率計算公式計收異常使用費。
2. 除上述水質標準外之不符合項目，依異常情節輕重按次計收異常使用費。
二、用戶未主動通知，經本機構查獲違規排放廢(污)水者：
（一）收費水質：本機構查獲用戶排放廢（污）水當日，經採樣檢測所得之水質。
（二）收費日數：自查獲違規排放當日起至本機構經用戶通知改善完成，且查驗其排放水質符合下水水質標準之前一日止，查獲違規當日改善完成者，以一日計。
（三）收費水量：依前款第三目認定之。
（四）違規使用費計收方式：
1. 懸浮固體、化學需氧量、重金屬以水質水量分級費率計算公式計收違規使用費。
2. 除上述水質標準外之不符合項目，依違規情節輕重按次計收違規使用費。
（五）加重違規使用費：屬用戶違規排放者，除依第一目至第四目計收違規使用費外，本機構另依附表一「用戶違規情節輕重認定標準」規定，以當日水量及查獲不符合下水水質標準之懸浮固體、化學需氧量、重金屬之水質，以水質水量分級費率計算公式所算金額之三至十五倍，加重計收違規使用費。
三、異常水質經同意以桶槽運輸至本機構專案處理者：
（一）收費水質：以當次水質檢項乘以當次水量分級費率計算公式計收異常使用費。
（二）收費水量：依當次水量計收。
第一項收費水質，如一日多次採樣，以平均水質為當日之水質計費。

【使用費計收繳納及申覆審議之處理規定】

第二十二條　本機構按月向用戶計收之使用費，依所排放廢（污）水符合下水水質標準之水質、水量，加計第二十一條第一項第一款、第二款或第三款及第二十三條異常或違規排放廢（污）水之水質、水量經分級計費後之總和。

前項用戶應繳納之使用費，得敘明理由向本機構申請核准後，分二期至六期繳納，其期限以六個月為限，並依原繳納期限屆滿之日郵政儲金匯業局之一年期定期存款利率，按日加計利息；逾期未繳納者，依第十六條辦理。但用戶如因特殊因素，依前述分期期數及期限繳納使用費，致嚴重影響其營運及

財務分配者，應敘明理由並經本機構報請工業局核准後，其分期期數上限得展期為十二期，期限以十二個月為限。

用戶對繳交使用費計算標準及方式之處分，如有疑義得依行政程序規定提出行政救濟。

【用戶廢（污）水納入後其他違規行為使用費之計收方式】

第二十三條　用戶經查獲違反第十八條第一款、第三款、第四款者，計收二十倍之違規使用費。

前項違規使用費之收費水量以一年內已有量測或紀錄中之最大日水量計收；另收費水質以當次查獲之採樣檢測水質，並以水質水量分級費率計算公式所算金額計收。但如因用戶規避、妨礙及拒絕採樣，或於本機構查獲用戶違規行為事實時，因用戶立即停止排放廢(污)水，致本機構無法採樣檢測，其收費水質以前三次已有量測或紀錄中之最高水質計收。

【本機構因用戶違規排水，所衍生費用之處理】

第二十四條　本機構因用戶違規排水，致需增加下列費用時，其費用應由該用戶繳納：
一、污水下水道系統為處理用戶違規排水所增加之費用。
二、下水道系統受堵塞或損害，所需清理及維修之費用。
三、本機構遭環保主管機關科處之罰鍰。

用戶因發生災害事件致產生超過下水水質標準之廢（污）水，本機構應環保主管機關指定代為處理該廢（污）水時，所需增加之費用由該用戶繳納。

【本機構拒絕用戶廢（污）水納入之處置】

第二十五條　用戶因下列事項，本機構得予拒絕納入及廢止原核發之聯接使用證明，並函報下水道及環保主管機關。
一、違反第八條、第九條、第十一條、第十二條、第十三條、第十六條第二項、第十八條等規定，經限期改善，而未改善者。
二、違反第二十條規定者。
三、違反第二十四條規定，應繳納之費用而未繳納者。
四、依相關法令規定應拒絕納入者。

【本機構對用戶申請恢復接管之處理】

第二十六條　經本機構拒絕廢（污）水納入之用戶，於恢復接管時，應備齊第六條相關書圖文件表格，經審查合格發給暫時接管證明，再經本機構於收件之日起十五日內，連續不定期查驗七次以上，且均符合下水水質標準後，始重新核發聯接使用證明及恢復聯接使用；其經查驗不合格者，仍不得使用下水道，並應

進行改善後重新申請。上述期間，用戶應依第二十一條規定繳納使用費。

用戶因欠繳使用費遭拒絕納入者，於申請恢復接管時，應繳清使用費後依第七條規定辦理。

【用戶因故停止排放廢（污）水之處理】
第二十七條　用戶因歇業、停業、停止生產而停止排放廢（污）水，應於事實發生之日起三十日內向本機構申報，經查明屬實者，其使用費得溯自事實發生之日起停止計收。

用戶未於前項期限內向本機構申報，並經本機構主動查知者，其使用費計徵至查報日止。

【用戶於本規章施行前，已依法使用下水道系統之適用規定】
第二十八條　本規章實施前，本機構已依法公告處理區域內之用戶，適用本規章之規定。

本機構對本規章條文之修正應提報經濟部工業局核定後公告實施。

【訂定本規章之實施日期】
第二十九條　　本規章自公告日起實施。

三、工業區污水處理廠營運管理要點

中華民國 89 年 9 月 19 日實施
中華民國 92 年 4 月 7 日第 1 次修正
中華民國 97 年 2 月 1 日第 2 次修正
中華民國 99 年 1 月 25 日修正增訂第十八點
中華民國 100 年 7 月 21 日修正第十點

一、經濟部工業局（以下簡稱工業局）為所屬工業區管理機構（以下簡稱管理機構）妥善維護管理所轄污水處理廠，提升操作營運效率，特訂定本要點。

二、管理機構負責所轄工業區污水下水道系統之營運範圍，自用戶排放口接入下水道收集管線之聯接點起，至污水處理廠放流口止，包含污水處理廠廠區，廠區外之抽水站、加壓站及截流站。

三、管理機構辦理所轄工業區污水處理廠之營運管理工作如下：
（一）污水處理系統使用費計收。
（二）增修訂用戶廢（污）水排入管制項目及下水水質標準。
（三）用戶排水設備之檢查。
（四）污水處理廠進、放流水及用戶排放廢（污）水之流量測定及水質採樣、檢測。
（五）廢（污）水及污泥處理設施之操作、維修及汰舊更新。
（六）污水下水道之檢視、清理及維護。
（七）雨水下水道之巡查。
（八）污水處理廠產出污泥之清除處理。
（九）處理廢（污）水至符合放流水標準。
（十）營運範圍內之清潔管理維護。
（十一）作業範圍內之勞工安全衛生及自動檢查作業。
（十二）營運範圍內之財產清查及管理。
（十三）環保及相關主管機關規定應備許可證照之申辦。
（十四）製作日（月）報表並留存，以備查閱。
（十五）相關主管機關規定之申報作業。
（十六）環境管理系統之維持與運作。
（十七）其他有關工業區污水處理廠營運管理之事項。

公辦民營污水處理廠除辦理前項第七款規定外，仍應依委託經營契約書之規定，辦理雨水下水道之檢視、清理及維護。

管理機構為處理特定用戶之廢（污）水，得報經工業局同意後，另訂定管制項目及下水水質標準。（97.2.1 修正）

四、管理機構訂定污水處理系統使用費費率，應報請經濟部或直轄市、縣（市）政府核定

後公告實施,調整時亦同。
五、管理機構應訂定用戶排放廢(污)水之查驗計畫,其內容應含下列項目:
    (一)用戶最近一年內之廢(污)水水質水量相關統計資料。
    (二)用戶之管制分類。
    (三)例行查驗之次數。
    (四)執行查驗之標準作業。
    前項第三款例行查驗之最低次數如下:
    (一)事業用戶排放廢(污)水量平均每日五十立方公尺以上者,每月至少二次。
    (二)事業用戶排放廢(污)水量平均每日五十立方公尺以下者,每月至少一次。
    (三)非屬水污染防治法所規範之事業或僅排放生活污水者,得視需要排定查驗次數。
    管理機構辦理前項用戶排放廢(污)水之例行查驗,得於查驗計畫內依用戶之管制分類,視需要增加查驗次數。
    管理機構得視需要,結合鄰近管理機構實施聯合稽查作業。(97.2.1 修正)
六、管理機構辦理用戶排放廢(污)水之水質採樣作業,應予記載下列事項:
    (一)採樣目的(核發聯接使用證明前查驗、例行查驗、稽核、複查)。
    (二)樣品編號、名稱及檢驗項目(同時以標籤黏貼於容器上)。
    (三)採樣地點、日期、時間、天候狀況、樣品外觀或併同登錄流量計讀數。
    (四)現場測定紀錄(水溫及氫離子濃度指數值)。
    (五)採樣人員與用戶會同人員。
    (六)樣品運送及保存方式。
    (七)收樣人員與時間。
    (八)追蹤管制之轉碼。
    管理機構進行前項採樣作業時,應取得具有足夠代表其檢驗項目之體積及性質之樣品。
    管理機構辦理第一項採樣作業,得於必要時進行攝影、拍照或繪圖,並建檔保存。
    第一項第二款之檢驗項目,除氫離子濃度指數、水溫、化學需氧量及懸浮固體物為必檢項目外,管理機構得依用戶排放廢(污)水特性及污水處理廠下水水質標準,增加其他必要檢驗項目。(97.2.1 修正)
七、管理機構應依行政院環境保護署公告之檢測方法,進行用戶排放廢(污)水及污水處理廠進流、放流水質、污泥之採樣、檢測,其檢測工作除自行辦理或委由其他管理機構檢驗室辦理外,得視需要委託行政院環境保護署許可之檢測機構辦理。
    前項採樣及檢測文件應詳實記錄並不得擅自塗改;屬自行辦理者,第六點第四項必檢項目之檢測報告,應於二個工作天內陳報管理機構主管核閱。
    管理機構經檢測用戶排放廢(污)水水質逾下水水質標準者,則應於完成檢測當日通知用戶。
    管理機構為監控所轄污水處理廠各單元處理功能所進行之水質採樣、檢測,得使用簡

易分析方法或連續監測方法辦理之。（97.2.1 修正）
八、管理機構於接獲用戶通知其生產設備或預先處理設施故障致異常排放廢（污）水時，除應即採取緊急應變措施外，並派員於二十四小時內進行水質採樣。

管理機構於接獲前項用戶通知改善完成，應於二十四小時內派員進行水質採樣，並將檢驗結果通知用戶。用戶經查獲違規排放廢（污）水之改善處理，亦同。（97.2.1 修正）

九、管理機構經查用戶排放廢（污）水有應行改善事項，除立即告知外，並應於三日內以書面通知限期改善。所核給用戶改善期限，依下列各款辦理：
（一）廢（污）水未經預先處理設施逕行繞流排入污水下水道或排放廢（污）水含強酸、強鹼、重金屬、特殊不易處理物質，致有損害污水處理系統之虞者，除予立即停止排入外，並限三日內改善完成。
（二）排放廢（污）水未符下水水質標準且影響污水處理系統功能者，限十日內改善完成。
（三）計量設備無法準確計量或故障者，限三十日內完成修復、更新暨校正。

前項管理機構所核給用戶改善期限不足者，用戶應於改善期限內提出改善方案，經管理機構核可後，得予延長改善期限；惟其改善期限逾三個月者，應報經工業局核可後始得為之。用戶因違規排放廢（污）水，經管理機構限期改善而仍未改善，致拒絕納入者，除應函報環保及下水道主管機關依法處理外，並副知工業局備查。（97.2.1 修正）

十、管理機構對於用戶未繳納污水處理系統使用費者，應於繳納期限屆滿之翌日以書面進行催告。催告通知書應載明用戶未繳費額應一次繳清。（97.2.1 修正）（100.7.21 修正）

十一、管理機構對於污水處理廠之監測與分析設備，應依品保品管手冊，執行定期校正、維護。

十二、管理機構應依污水處理廠之設計及操作處理功能，訂定標準操作程序及緊急應變措施，並編製操作手冊。

十三、管理機構應依標準操作程序製訂維護手冊，執行各項機械設備與儀器之維護工作。

管理機構對於各項機械設備與儀器之日常巡查結果，應作成維護保養紀錄；其發生故障者，應於維護保養紀錄中註記故障原因及處理情形。

十四、管理機構對污水處理廠之庫存管理應建立供應商名錄、各項設備備品清單、存量檢查、藥劑購置及使用紀錄。

十五、管理機構應依環境管理系統標準擬定污水處理廠年度工作計畫書，於年度開始一個月內提送工業局工業區環境保護中心核可。年度工作計畫書，含下列項目：
（一）環境政策與績效指標。
（二）年度工作目標、標的與方案。
（三）其他非屬環境政策工作計畫。

（四）前年度績效指標達成情形與本年度預期目標。
（五）最低人員配置、專業證照及人員資歷。
（六）附屬業務轉委託計畫。
（七）預計更新汰換設備明細表。
（八）預計新購設備明細表。
（九）維護更新計畫與預算。
（十）年度實作維護更新清單及費用。
（十一）設備狀況。
（十二）既有、改善、擴建及新設財產登錄設備之折舊。

前項第一款至第四款，自行操作污水處理廠適用；第一款至第十二款，公辦民營污水處理廠適用。

公辦民營污水處理廠年度工作計畫書，除依前二項規定辦理外，另應依委託經營契約書規定，提報工業局 核可後實施。（97.2.1 修正）

十六、污水處理廠之月報告應於次月十五日前提報工業局工業區環境保護中心備查。
污水處理廠之年度成果報告併十二月份月報告提報。
前二項報告之項目及格式由工業局工業區環境保護中心另訂之。
公辦民營污水處理廠年度成果報告除依前三項規定辦理外，另應依委託經營契約書規定，提報工業局備查。（97.2.1 修正）

十七、污水處理廠之日（月）報表於製作完成後，應於二個工作天內依分層授權規定，陳請各級主管核閱。
污水處理廠之日（月）報表應依管理機構環境管理系統紀錄管理（制）程序規定，妥善保存，以備查閱。（97.2.1 增訂）

十八、管理機構遭受環保主管機關科處罰鍰之處理，應依經濟部工業局所屬工業區管理機構環保罰款處分處理作業原則辦理。
前項經濟部工業局所屬工業區管理機構環保罰款處分處理作業原則，由工業局擬訂，報請經濟部核可後實施，但公辦民營污水處理廠不適用之。（99.1.25 增訂）

附錄
污水經處理後注入地下水體水質標準修正總說明

「污水經處理後注入地下水體水質標準」於九十一年十一月二十九日公告，因應「有害健康物質之種類」於一百零四年八月三十一日修正公告，為強化污水注入地下水體之管理，降低廢（污）水對環境之污染風險和環境累積性，有必要將致癌性物質及特定產業製程化學品，對人體健康具有危害性之物質增列規範。另水污染防治法（以下簡稱本法）第三十二條第一項已明定「廢（污）水不得注入於地下水體或排放於土壤」，同法第三十六條規定，任何事業將廢（污）水注入地下水體，且所含之有害健康物質超過標準最大限值者，科處刑罰。為使非法注入者符合刑罰適用對象，並依第三十二條第二項授權規定之文字，現行公告名稱修正為「注入地下水體水質標準及有害健康物質之種類、限值」（以下簡稱本公告），爰擬具修正公告，其修正要點說明如下：

一、明確新增公告事項三所定不得檢出，其檢測方法之法源依據。（修正依據）

二、強化有害健康物質之種類及限值，以符本法第三十二條所定污水經依環境風險評估結果處理至規定標準，且不含有害健康物質之規定。增列二十一項有害健康物質之管制項目及其管制限值，屬於飲用水水質標準之順-1,2-二氯乙烯、四氯乙烯、鋇、鉬、二氯甲烷、戴奧辛等六項，依飲用水水質標準訂定管制限值；非屬飲用水水質標準之1,1-二氯乙烷、鎵、鈹、鈷、三氯甲烷、乙苯、鄰苯二甲酸二甲酯（DMP）、鄰苯二甲酸二乙酯（DEP）、鄰苯二甲酸二丁酯（DBP）、鄰苯二甲酸丁基苯甲酯（BBP）（即鄰苯二甲酸丁苯酯）、鄰苯二甲酸二辛酯（DNOP）、鄰苯二甲酸二（2-乙基己基）酯（DEHP）（即鄰苯二甲酸乙己酯）、硝基苯、甲醛和總毒性有機物等十五項，為「不得檢出」，以小於呈現。（新增公告事項一及新增附表）

三、基於風險管理精神,增訂國際癌症研究中心致癌性第一類物質、第 2A 類及第 2B 類物質或勞動部優先管理的化學品屬致癌性第一級物質、生殖細胞致突變性第一級物質或生殖毒性第一級物質項目為有害健康物質,避免含有該等有害健康物質之廢水混入污水。(新增公告事項二)

四、明確公告事項二所定之有害健康物質之限值為不得檢出,及其不得檢出之檢測方法認定方式。(新增公告事項三)

五、為明確相關有害健康物質,增訂「總有機磷劑」、「總氨基甲酸鹽」、「除草劑」、「戴奧辛」、「總毒性有機物」專用名詞定義。(新增公告事項四)

六、本公告水質項目及其管制限值之方式,已明定於修正公告事項一、新增公告事項二、三及新增附表,爰刪除現行公告事項二及附表一。(刪除現行公告事項二及附表一)

七、現行公告事項三於九十一年十一月二十九日公告時已同步廢止,爰刪除之。(刪除現行公告事項三)

污水經處理後注入地下水體水質標準修正公告對照表

修正公告	現行公告	說明
主旨：修正「污水經處理後注入地下水體水質標準」名稱並修正為「注入地下水體水質標準及有害健康物質之種類、限值」，並自即日生效。	主旨：公告「污水經處理後注入地下水體水質標準」。	一、依水污染防治法（下稱本法）第三十二條第三項授權規定之文字，修正公告名稱。 二、另基於本法第三十二條第一項規定「廢（污）水不得注入於地下水體或排放於土壤」，同法第三十六條規定，任何事業將廢（污）水注入地下水體，且所含之有害健康物質超過標準最大限值者，科處刑罰。為使非法注入者符合刑罰處理後適用對象，爰刪除「污水經處理後」之文字。 三、水污染防治法施行細則第十六條針對「注入」地下水體之定義，係指利用鑿井、注入管線或加壓設施等設備，將事業廢（污）水灌注至地下水體者。 四、明定公告生效日期。
依據：水污染防治法第三十二條第二項、第六十八條。	依據：水污染防治法第三十二條第二項。	配合新增公告事項三所列物質為不得檢出，爰明確其檢測方法之法源依據。

公告事項：	公告事項：	因應有害健康物質之種類於一百零四年八月三十一日修正公告，已明確有害健康物質之項目，爰將現行公告事項一及公告事項二予以整併，另新增附表，並刪除現行公告附表一。
一、注入地下水體水質標準與有害健康物質之種類及限值如附表。	一、污水經處理後注入地下水體水質，除不含有害健康物質外，其餘水質項目及最大限值如附表二。	
二、本公告有害健康物質適用範圍，除公告事項一附表所列物質外，亦包括國際癌症研究中心（International Agency for Research on Cancer, IARC）致癌性第一類、第2A類及第2B類物質或勞動部優先管理的化學品屬致癌性第一級物質、生殖細胞致突變性第一級物質或生殖毒性第一級物質（carcinogenic, mutagenic or toxic for reproduction，簡稱 CMR）之項目。	二、前項所稱有害健康物質之種類及最大限值如附表二。	一、本項刪除。 二、已將現行公告事項一及公告事項二予以整併，另新增附表，並刪除現行公告附表二。
		一、本項新增。 二、基於風險管理精神，避免含有國際癌症研究中心致癌性第一類物質、第2A類及第2B類物質或勞動部優先管理的化學品致癌性第一級物質、生殖細胞致突變性第一級物質或生殖毒性第一級物質項目為有害健康物質，避免含有該等有害健康物質之廢水混入污水，爰予以增訂之。

三、公告事項一附表所列以外之有害健康物質，限值不得檢出；其不得檢出係指依序採用下列來源之一的方法檢測後，其檢測值低於檢測方法偵測極限：
　(一)行政院環境保護署標準檢測方法（NIEA）。
　(二)美國環保署公告方法（USEPA）。
　(三)美國國家職業安全衛生研究所之檢測方法（NIOSH）。
　(四)美國公共衛生協會之水質及廢水標準方法（APHA）。
　(五)日本工業協會之日本工業標準（JIS）。
　(六)美國材料試驗協會之標準方法（ASTM）。
　(七)國際公定分析化學家協會之標準方法（AOAC）。
　(八)國際標準組織之標準測定方法（ISO）。
　(九)歐盟認可之檢測方法。
　(十)國內外期刊文獻研究方法。

四、本公告專用名詞定義如下：
　(一)總有機磷劑：指達馬松、美文松、大滅松、減賜松、普伏松、亞素靈、福瑞松、甲基巴拉松、托福松、亞特松、撲滅松、大福松、二硫松、甲基芬殺松、減大松、巴拉松、甲基溴磷松、馬拉松、陶斯松、芬殺松、減大松、普硫松、愛殺松、賽達松、乙基磷松、一品松、裕必松、合速滅松計二十九種化合物，有檢出之項目濃度總和。
　(二)總氨基甲酸鹽：指減必蘇、歐殺滅、得滅克、加保利、減賜克計九種化合物，有檢出之項目濃度總和。
丁基滅必蝨、歐殺滅、得滅克、加保利、減賜克計九種化合物，有檢出之項目濃度總和。

一、本項新增。
二、公告事項一附表所列以外有害健康物質，限值為不得檢出，以符合本法第三十二條第一項第一款「含有害物質」之規定。
三、依序採用本公告事項所列方法檢測後，其檢測值低於方法偵測極限，始為本公告事項所稱不得檢出。

一、本項新增。
二、公告事項一附表所列專用名詞定義說明。
三、總有機磷劑、總氨基甲酸鹽和除草劑係依本公告環境檢驗所之標準檢測方法可測得之項目最大總和予以定義。
四、戴奧辛和總毒性有機物則分別參考放流水標準和晶圓製造及半導體製造業放流水標準之名詞定義。

(三)除草劑：指丁基拉草、巴拉刈、二,四一地、拉草、全滅草、嘉磷塞、二刈計七種化合物，有檢出之項目濃度總和。

(四)戴奧辛：係以檢測 2,3,7,8-四氯戴奧辛（2,3,7,8-Tetrachlorinated dibenzo-p-dioxin,2,3,7,8-TeCDD），2,3,7,8-四氯呋喃（2,3,7,8-Tetrachlorinated dibenzofuran, 2,3,7,8-TeCDF）及 2,3,7,8-氯化之五氯（Penta-），六氯（Hexa-），七氯（Hepta-）與八氯（Octa-）戴奧辛及呋喃等共十七項化合物，有檢出之項目濃度乘以國際毒性當量因子（International Toxicity Equivalency Factor,I-TEF）之總和計算之，以總毒性當量（Toxicity Equivalency Quantity of 2,3,7,8-tetrachlorinated dibenzo-p-dioxin, TEQ）表示。

(五)總毒性有機物：指 1,2-二氯苯、1,3-二氯苯、1,4-二氯苯、1,2,4-三氯苯、甲苯、乙苯、三氯甲烷、1,2-二氯乙烷、三氯甲烷、1,1,1-三氯乙烷、1,1,2-三氯乙烷、二氯溴甲烷、四氯乙烯、三氯乙烯、1,1-二氯乙烯、2-氯酚、2,4-二氯酚、4-硝基酚、2-硝基酚、2,4,6-三氯酚、鄰苯二甲酸二甲酯、五氯酚、鄰苯二甲酸二丁酯、鄰苯二甲酸丁苯酯、1,2-二苯基聯胺、異佛爾酮、四氯化碳及萘，計三十種化合物，有檢出之項目濃度總和。

五、本公告各項目限值，除氫離子濃度指數為範圍值外，均為最大限值，其單位如下： (一)氫離子濃度指數：無單位。 (二)大腸桿菌群：每一〇〇毫升水樣在濾膜上所產生之菌落數（CFU/100mL）。 (三)<u>戴奧辛：皮克-國際-總毒性當量/公升（pgI-TEQ/L）</u>。 (四)其餘各項目：毫克/公升（<u>mg/L</u>）。	一、項次變更。 二、大腸桿菌群單位參考放流水標準，新增CFU/100mL表示；新增戴奧辛單位說明；其餘各項目單位「毫克\公升」修正為「毫克/公升「mg/L」」。 三、本標準各項目限值，除氫離子濃度指數為範圍值外，均為最大限值，其單位如下： (一)氫離子濃度指數：無單位。 (二)大腸桿菌群：每一〇〇毫升水樣在濾膜上所產生之菌落數。 (三)其餘各項目：毫克/公升。
三、本署八十二年四月三十日(82)環署水字第一三九一五號公告「污水注入地下水體標準」自本公告日起停止適用。	一、<u>本項刪除</u>。 二、本項公告事項內容於九十一年十一月二十九日公告時已停止適用，爰刪除之。

修正規定	現行規定		說明
	附表一		
	項目	最大限值	一、本表刪除。 二、現行附表一與附表二整合爲新增附表。
	氫離子濃度指數	六・五－八・五	
	生化需氧量	一・〇	
	懸浮固體	二五	
	總溶解固體物	八〇〇	
	亞硝酸鹽氮	不得檢出	
	氨氮	〇・一	
	酚類	〇・〇〇一	
	陰離子界面活性劑	〇・五	
	鐵	〇・三	
	錳	〇・〇五	
	鋅	五・〇	
	銅	一・〇	
	氯鹽	二五〇	
	硫酸鹽	二五〇	
	總三鹵甲烷	〇・一五	
	三氯乙烯	〇・〇〇五	
	四氯化碳	〇・〇〇五	
	1,1,1-三氯乙烷	〇・二	
	1,2-二氯乙烷	〇・〇〇五	
	氯乙烯	〇・〇〇二	
	苯	〇・〇〇五	
	對-二氯苯	〇・〇七五	
	1,1-二氯乙烯	〇・〇〇七	
	大腸桿菌群	五〇	

修正規定	現行規定		說明
	附表二		
	種類	最大限值	一、本表刪除。 二、現行附表一與附表二整合為新增附表。
	氟化物	○‧八	
	硝酸鹽氮	一○	
	氰化物	○‧○一	
	銀	○‧○五	
	鎘	○‧○○五	
	鉛	○‧○五	
	總鉻	○‧○五	
	六價鉻	○‧○一	
	總汞	○‧○○二	
	有機汞	不得檢出	
	銅	一‧○	
	鎳	○‧一	
	硒	○‧○一	
	砷	○‧○一	
	多氯聯苯	不得檢出	
	總有機磷劑	○‧○五	
	總氨基甲酸鹽	○‧○五	
	除草劑	○‧一	
	安特靈	○‧○○○二	
	靈丹	○‧○○四	
	滴滴涕及其衍生物	○‧○○一	
	飛佈達及其衍生物	○‧○○一	
	阿特靈及地特靈	○‧○○三	
	五氯酚及其鹽類	○‧○○五	
	毒殺芬	○‧○○五	
	福爾培	不得檢出	
	四氯丹	不得檢出	
	蓋普丹	不得檢出	
	安殺番	○‧○○三	
	五氯硝苯	不得檢出	

新增附表

類別	項目	修正規定 最大限值	現行規定	說明
本法第三十二條第一項第一款規定標準之項目	一、氫離子濃度指數	6.5～8.5		一、新增附表。 二、整併現行公告附表一和附表二內容，附表區分為「本法第三十二條第一項第一款規定標準之項目」、「有害健康物質之種類」二大類。 三、現行部分管制項目用詞修正為與放流水標準與有害健康物質之種類一致。 （一）「氟化物」修正為「氟鹽」。 （二）「有機氮」修正為「甲基汞」。 （三）「阿特靈及地特靈」修正為「阿特靈、地特靈」。 （四）「酚類」修正為「總酚（即酚類）」。 （五）「對-二氯苯」修正為「對-二氯苯（即1,4-二氯苯）」。 四、現行管制限值為「不得檢出」之亞硝酸鹽氮、甲基汞、多氯聯苯、福爾培、四氯丹、蓋普丹和五氯硝苯等七項，參考美國以現行較佳儀器之檢測定為管制限值之方式，以強化本法第三十二條所定污水經處理至規定標準，且不含有害健康物質之規定。屬於飲用水水質標準之順-1,2-二氯乙烯、四氯乙烯、鉬、鎳、二氯
	二、生化需氧量	1.0		
	三、懸浮固體	25		
	四、亞硝酸鹽氮	小於 0.05		
	五、氨氮	0.1		
	六、氯鹽	250		
	七、硫酸鹽	250		
	八、總溶解固體物	800		
	九、陰離子界面活性劑	0.5		
	十、大腸桿菌群	50		
	十一、錳	0.05		
	十二、鐵	0.3		
	十三、銅	1.0		
	十四、鋅	5.0		
	十五、1,1,1-三氯乙烷	0.2		
有害健康物質之種類	一、氟鹽	0.8		
	二、硝酸鹽氮	10		
	三、氰化物	0.01		
	四、鎘	0.005		
	五、鉛	0.01		
	六、總鉻	0.05		
	七、六價鉻	小於 0.02		

甲烷、戴奧辛等六項，依飲用水水質標準訂定管制限值；非屬飲用水水質標準之 1,1-二氯乙烷、鎳、鈷、鈹、三氯甲烷、乙苯、鄰苯二甲酸二甲酯（DMP）、鄰苯二甲酸二乙酯（DEP）、鄰苯二甲酸二丁酯（DBP）、鄰苯二甲酸丁基苯甲酯（BBP）（即鄰苯二甲酸丁苯酯）、鄰苯二甲酸二辛酯（DNOP）、鄰苯二甲酸二（2-乙基己基）酯（DEHP）（即鄰苯二甲酸乙己酯）、硝基苯、甲醛和總毒性有機物等十五項，為「不得檢出」，以小於呈現。「不得檢出」之訂定方式同說明四。

六、現行總三鹵甲烷、鉛和靈丹等三項有害健康物質管制項目之限值，調整同飲用水水質標準之管制限值。

八、總汞	0.002
九、甲基汞	小於 0.00000002
十、銅	1.0
十一、銀	0.05
十二、鎳	0.1
十三、硒	0.01
十四、砷	0.01
十五、鋇	0.07
十六、鎵	小於 0.02
十七、鉬	0.07
十八、鈹	小於 0.005
十九、鈷	小於 0.01
二十、多氯聯苯	小於 0.00005
二十一、總有機磷劑	0.05
二十二、總氨基甲酸鹽	0.05
二十三、除草劑	0.1
二十四、安殺番	0.003
二十五、安特靈	0.0002
二十六、靈丹	0.0002
二十七、飛佈達及其衍生物	0.001
二十八、滴滴涕及其衍生物	0.001
二十九、阿特靈、地特靈	0.003
三十、五氯酚及其鹽類	0.005
三十一、毒殺芬	0.005
三十二、五氯硝苯	小於 0.00005

三十三、福爾培	小於 0.00025
三十四、四氯丹	小於 0.00025
三十五、蓋普丹	小於 0.00025
三十六、二氯甲烷	0.02
三十七、三氯甲烷	小於 0.001
三十八、苯	0.005
三十九、乙苯	小於 0.001
四十、1,2-二氯乙烷	0.005
四十一、氯乙烯	0.002
四十二、鄰苯二甲酸二甲酯（DMP）	小於 0.005
四十三、鄰苯二甲酸二乙酯（DEP）	小於 0.005
四十四、鄰苯二甲酸二丁酯（DBP）	小於 0.005
四十五、鄰苯二甲酸丁基苯甲酯（BBP）（即鄰苯二甲酸丁苯酯）	小於 0.005
四十六、鄰苯二甲酸二辛酯（DNOP）	小於 0.005
四十七、鄰苯二甲酸二(2-乙基己基)酯（DEHP）（即鄰苯二甲酸乙己酯）	小於 0.005
四十八、硝基苯	小於 0.005

四十九、三氯乙烯	0.005	
五十、總酚（即酚類）	0.001	
五十一、甲醛	小於 0.4	
五十二、總毒性有機物	小於 0.006	
五十三、總三鹵甲烷	0.08	
五十四、四氯化碳	0.005	
五十五、1,1-二氯乙烯	0.007	
五十六、戴奧辛	三	
五十七、對-二氯苯（即 1,4-二氯苯）	0.075	
五十八、1,1,1-三氯乙烷	小於 0.00155	
五十九、順-1,2-二氯乙烯	0.07	
六十、四氯乙烯	0.005	

附錄

水污染防治法

中華民國六十三年七月十一日總統台統（一）義字第三○四○號令制定公布全文二十八條

中華民國七十二年五月二十七日總統令修正公布

中華民國八十年五月六日總統華總（一）義字第二二三八號令修正公布全文六十三條

中華民國八十九年四月二十六日總統華總一義字第八九○○○二六九二○號令修正公布第三條、第四條、第六條、第七條、第九條、第十三條至第十五條、第二十七條、第二十九條、第三十條、第三十五條及第五十六條條文

中華民國九十一年五月二十二日總統華總（一）義字第○九一○○○九八九九○號令修正公布全文七十五條

中華民國96年12月12日總統華總一義字第09600168231號令修正公布第四十條、第四十四條至第四十六條、第四十八條及第五十六條條文；並增訂第六十六條之一條文

中華民國104年2月4日總統華總一義字第10400014261號令公布增訂第十四條之一、第十八條之一、第三十九條之一、第四十六條之一、第六十三條之一、第六十六條之二至第六十六條之四及第七十一條之一條文；刪除第三十八條及第六十五條條文；並修正第二條、第十條、第十一條、第十四條、第十五條、第二十條、第二十二條、第二十七條、第二十八條、第三十一條、第三十四條至第三十七條、第三十九條、第四十條、第四十一條、第四十三條至第四十六條、第四十七條至第五十七條、第六十三條、第六十九條、第七十一條及第七十三條條文

第一章　總則

第一條　為防治水污染，確保水資源之清潔，以維護生態體系，改善生活環境，增進國民健康，特制定本法。本法未規定者，適用其他法令之規定。

第二條　本法專用名詞定義如下：

一、水：指以任何形式存在之地面水及地下水。

二、地面水體：指存在於河川、海洋、湖潭、水庫、池塘、灌溉渠道、各級排水路或其他體系內全部或部分之水。

三、地下水體：指存在於地下水層之水。

四、污染物：指任何能導致水污染之物質、生物或能量。

五、水污染：指水因物質、生物或能量之介入，而變更品質，致影響其正常用途或危害國民健康及生活環境。

六、生活環境：指與人之生活有密切關係之財產、動、植物及其生育環境。

七、事業：指公司、工廠、礦場、廢水代處理業、畜牧業或其他經中央主管機關指定之事業。

八、廢水：指事業於製造、操作、自然資源開發過程中或作業環境所產生含有污染物之水。

九、污水：指事業以外所產生含有污染物之水。

十、廢（污）水處理設施：指廢（污）水為符合本法管制標準，而以物理、化學或生物方法處理之設施。

十一、水污染防治措施：指設置廢（污）水處理設施、納入污水下水道系統、土壤處理、委託廢水代處理業處理、設置管線排放於海洋、海洋投棄或其他經中央主管機關許可之防治水污染之方法。

十二、污水下水道系統：指公共下水道及專用下水道之廢（污）水收集、抽送、傳運、處理及最後處置之各種設施。

十三、放流口：指廢（污）水進入承受水體前，依法設置之固定放流設施。

十四、放流水：指進入承受水體前之廢（污）水。

十五、涵容能力：指在不妨害水體正常用途情況下，水體所能涵容污染物之量。

十六、水區：指經主管機關劃定範圍內之全部或部分水體。

十七、水質標準：指由主管機關對水體之品質，依其最佳用途而規定之量度。

十八、放流水標準：指對放流水品質或其成分之規定限度。

第三條　本法所稱主管機關：在中央為行政院環境保護署；在直轄市為直轄市政府；在縣（市）為縣（市）政府。

第四條　中央、直轄市、縣（市）主管機關得指定或委託專責機構，辦理水污染研究、訓練及防治之有關事宜。

第二章　基本措施

第五條　為避免妨害水體之用途，利用水體以承受或傳運放流水者，不得超過水體之涵容能力。

第六條　中央主管機關應依水體特質及其所在地之情況，劃定水區，訂定水體分類及水質標準。前項之水區劃定、水體分類及水質標準，中央主管機關得交直轄市、縣（市）主管機關為之。劃定水區應由主管機關會商水體用途相關單位訂定之。

第七條　事業、污水下水道系統或建築物污水處理設施，排放廢（污）水於地面水體者，應符合放流水標準。

前項放流水標準，由中央主管機關會商相關目的事業主管機關定之，其內容應包括適用範圍、管制方式、項目、濃度或總量限值、研訂基準及其他應遵行之事項。直轄市、縣（市）主管機關得視轄區內環境特殊或需特予保護之水體，就排放總量或濃度、管制項目或方式，增訂或加嚴轄內之放流水標準，報請中央主管機關會商相關目的事業主管機關後核定之。

第八條　事業、污水下水道系統及建築物污水處理設施之廢（污）水處理，其產生之污泥，應妥善處理，不得任意放置或棄置。第九條水體之全部或部分，有下列情形之一，直轄市、縣（市）主管機關應依該水體之涵容能力，以廢（污）水排放之總量管制方式管制之：

一、因事業、污水下水道系統密集，以放流水標準管制，仍未能達到該水體之水質標準者。

二、經主管機關認定需特予保護者。

前項總量管制方式，由直轄市、縣（市）主管機關擬訂，報請中央主管

機關會商相關目的事業主管機關後核定之；水體之部分或全部涉及二直轄市、縣（市）者，或涉及中央各目的事業主管機關主管之特定區域，由中央主管機關會商相關目的事業主管機關定之。

第十條　各級主管機關應設水質監測站，定期監測及公告檢驗結果，並採取適當之措施。

前項水質監測站採樣頻率，應視污染物項目特性每月或每季一次為原則，必要時，應增加頻率。

水質監測採樣之地點、項目及頻率，應考量水域環境地理特性、水體水質特性及現況，並由各級主管機關依歷年水質監測結果及水污染整治需要定期檢討。第一項監測站之設置及監測準則，由中央主管機關定之。

各級主管機關得委託有關機關（構）及中央主管機關許可之檢驗測定機構辦理第一項水質監測。

第一項公告之檢驗結果未符合水體分類水質標準時，各目的事業主管機關應定期監測水體中食用植物、魚、蝦、貝類及底泥中重金屬、毒性化學物質及農藥含量，如有致危害人體健康、農漁業生產之虞時，並應採取禁止採捕食用水產動、植物之措施。

第十一條　中央主管機關對於排放廢（污）水於地面水體之事業、污水下水道系統及家戶，應依其排放之水質水量或依中央主管機關規定之計算方式核定其排放之水質水量，徵收水污染防治費。前項水污染防治費應專供全國水污染防治之用，其支用項目如下：
一、地面水體污染整治與水質監測。
二、飲用水水源水質保護區水質改善。
三、水污染總量管制區水質改善。
四、公共污水下水道系統主、次要幹管之建設。
五、污水處理廠及廢（污）水截流設施之建設。
六、水肥投入站及水肥處理廠之建設。
七、廢（污）水處理設施產生之污泥集中處理設施之建設。
八、水污染防治技術之研究發展、引進及策略之研發。
九、執行收費工作相關之必要支出及所需人員之聘僱。
十、其他有關水污染防治工作。
第二項第九款之支用比例不得高於百分之十。
第一項水污染防治費得分階段徵收，各階段之徵收時間、徵收對象、徵收方式、計算方式、繳費流程、繳費期限、階段用途及其他應遵行事項之收費辦法，由中央主管機關定之。水污染防治執行績效應逐年重新檢討並向立法院報告及備查。
第一項水污染防治費，其中央與地方分配原則，由中央主管機關考量各直轄市、縣（市）主管機關水污染防治工作需求定之。
第一項水污染防治費，各級主管機關應設置特種基金；其收支、保管及運用辦法，由行政院、直轄市及縣（市）政府分別定之。
中央主管機關應成立水污染防治費費率審議委員會，其設置辦法由中央主管機關定之。

第十二條　污水下水道建設與污水處理設施，應符合水污染防治政策之需要。中央主管機關應會商直轄市、縣（市）主管機關訂定水污染防治方案，每年向立法院報告執行進度。

第三章　防治措施

第十三條　事業於設立或變更前，應先檢具水污染防治措施計畫及相關文件，送直轄市、縣（市）主管機關或中央主管機關委託之機關審查核准。
前項事業之種類、範圍及規模，由中央主管機關會商目的事業主管機關指定公告之。
第一項水污染防治措施計畫之內容、應具備之文件、申請時機、審核依據及其他應遵行事項，由中央主管機關定之。

第一項水污染防治措施計畫，屬以管線排放海洋者，其管線之設置、變更、撤銷、廢止、停用、申請文件、程序及其他應遵行事項，由中央主管機關定之。

第十四條　事業排放廢（污）水於地面水體者，應向直轄市、縣（市）主管機關申請核發排放許可證或簡易排放許可文件後，並依登記事項運作，始得排放廢（污）水。登記事項有變更者，應於變更前向直轄市、縣（市）主管機關提出申請，經審查核准始可變更。

前項登記事項未涉及廢（污）水、污泥之產生、收集、處理或排放之變更，並經中央主管機關指定者，得於規定期限辦理變更。

排放許可證與簡易排放許可文件之適用對象、申請、審查程序、核發、廢止及其他應遵行事項之管理辦法，由中央主管機關定之。

第十四條之一　經中央主管機關指定公告之事業，於申請、變更水污染防治措施計畫、排放許可證或簡易排放許可文件時，應揭露其排放之廢（污）水可能含有之污染物及其濃度與排放量。

事業排放之廢（污）水含有放流水標準管制以外之污染物項目，並經直轄市、縣（市）主管機關認定有危害生態或人體健康之虞者，應依中央主管機關之規定提出風險評估與管理報告，說明其廢（污）水對生態與健康之風險，以及可採取之風險管理措施。

前項報告經審查同意者，直轄市、縣（市）主管機關應依審查結果核定其水污染防治措施計畫、排放許可證、簡易排放許可文件之污染物項目排放濃度或總量限值。第二項污染物項目經各級主管機關評估有必要者，應於放流水標準新增管制項目。

第十五條　排放許可證及簡易排放許可文件之有效期間為五年。期滿仍繼續使用者，應自期滿六個月前起算五個月之期間內，向直轄市、縣（市）主管機關申請核准展延。每次展延，不得超過五年。

前項許可證及簡易排放許可文件有效期間內，因水質惡化有危害生態或人體健康之虞時，直轄市、縣（市）主管機關認為登記事項不足以維護水體，或不廢止對公益將有危害者，應變更許可事項或廢止之。

第十六條　事業廢（污）水利用不明排放管排放者，由主管機關公告廢止，經公告一週尚無人認領者，得予以封閉或排除該排放管線。

第十七條　除納入污水下水道系統者外，事業依第十三條規定檢具水污染防治措施計畫及依第十四條規定申請發給排放許可證或辦理變更登記時，其應具備之必要文件，應經依法登記執業之環境工程技師或其他相關專業技師簽證。

符合下列情形之一者，得免再依前項規定經技師簽證：

一、依第十四條規定申請排放許可證時，應檢具之水污染防治措施計畫，與已依第十三條規定經審查核准之水污染防治措施計畫中，其應經技師簽證事項未變更者。

二、依第十五條規定申請展延排放許可證時，其應經技師簽證之事項未變更者。政府機關、公營事業機構或公法人於第一項情形，得由其內依法取得第一項技師證書者辦理簽證。第一項技師執行簽證業務時，其查核事項，由中央主管機關定之。

第十八條　事業應採行水污染防治措施；其水污染防治措施之適用對象、範圍、條件、必備設施、規格、設置、操作、監測、記錄、監測紀錄資料保存年限、預防管理、緊急應變，與廢（污）水之收集、處理、排放及其他應遵行事項之管理辦法，由中央主管機關會商相關目的事業主管機關定之。

第十八條之一　事業或污水下水道系統產生之廢（污）水，應經核准登記之收集、處理單元、流程，並由核准登記之放流口排放，或依下水道管理機關（構）核准之排放口排入污水下水道，不得繞流排放。

前項廢（污）水須經處理始能符合本法所定管制標準者，不得於排放（入）前，與無需處理即能符合標準之水混合稀釋。

前二項繞流排放、稀釋行為，因情況急迫，為搶救人員或經主管機關認定之重大處理設施，並於三小時內通知直轄市、縣（市）主管機關者，不在此限。

事業或污水下水道系統設置之廢（污）水（前）處理設施應具備足夠之功能與設備，並維持正常操作。

第十九條　污水下水道系統排放廢（污）水，準用第十四條、第十五條及第十八條之規定。

第二十條　事業或污水下水道系統貯留或稀釋廢水，應申請直轄市或縣（市）主管機關許可後，始得為之，並依登記事項運作。但申請稀釋廢水許可，以無其他可行之替代方法者為限。

前項申請貯留或稀釋廢水許可之適用條件、申請、審查程序、核發、廢止及其他應遵行事項之管理辦法，由中央主管機關定之。

依第一項許可貯留或稀釋廢水者，應依主管機關規定之格式、內容、頻率、方式，向直轄市、縣（市）主管機關申報廢水處理情形。

第二十一條　事業或污水下水道系統應設置廢（污）水處理專責單位或人員。專責單位或人員之設置及專責人員之資格、訓練、合格證書之取得、撤銷、廢止及其他應遵行事項之管理辦法，由中央主管機關定之。

第二十二條　事業或污水下水道系統應依主管機關規定之格式、內容、頻率、方式，向直轄市、縣（市）主管機關申報廢（污）水處理設施之操作、放流水水質水量之檢驗測定、用電紀錄及其他有關廢（污）水處理之文件。

中央主管機關應依各業別之廢（污）水特性，訂定應檢測申報項目，直轄市、縣（市）主管機關得依實際排放情形，增加檢測申報項目。

第二十三條　水污染物及水質水量之檢驗測定，除經中央主管機關核准外，應委託中央主管機關核發許可證之檢驗測定機構辦理。

　　　　　　檢驗測定機構之條件、設施、檢驗測定人員之資格限制、許可證之申請、審查、核發、換發、撤銷、廢止、停業、復業、查核、評鑑等程序及其他應遵行事項之管理辦法及收費標準，由中央主管機關定之。

第二十四條　事業或污水下水道系統，其廢（污）水處理及排放之改善，由各目的事業主管機關輔導之；其輔導辦法，由各目的事業主管機關定之。

第二十五條　建築物污水處理設施之所有人、使用人或管理人，應自行或委託清除機構清理之。
　　　　　　前項建築物污水處理設施之建造、管理及清理，應符合中央主管機關及目的事業主管機關之規定。
　　　　　　建築物污水處理設施屬預鑄式者，其製造、審定、登記及查驗管理辦法，由中央主管機關會同相關目的事業主管機關定之。

第二十六條　各級主管機關得派員攜帶證明文件，進入事業、污水下水道系統或建築物污水處理設施之場所，為下列各項查證工作：
　　　　　　一、檢查污染物來源及廢（污）水處理、排放情形。
　　　　　　二、索取有關資料。
　　　　　　三、採樣、流量測定及有關廢（污）水處理、排放情形之攝影。
　　　　　　各級主管機關依前項規定為查證工作時，其涉及軍事秘密者，應會同軍事機關為之。
　　　　　　對於前二項查證，不得規避、妨礙或拒絕。
　　　　　　檢查機關與人員，對於受檢之工商、軍事秘密，應予保密。

第二十七條　事業或污水下水道系統排放廢（污）水，有嚴重危害人體健康、農漁業生產或飲用水水源之虞時，負責人應立即採取緊急應變措施，並於三小時內通知當地主管機關。
　　　　　　前項所稱嚴重危害人體健康、農漁業生產或飲用水之虞之情形，由中央主管機關定之。
　　　　　　第一項之緊急應變措施，其措施內容與執行方法，由中央主管機關定之。
　　　　　　第一項情形，主管機關應命其採取必要防治措施，情節嚴重者，並令其停業或部分或全部停工。

第二十八條　事業或污水下水道系統設置之輸送或貯存設備，有疏漏污染物或廢（污）水至水體之虞者，應採取維護及防範措施；其有疏漏致污染水體者，應立即採取緊急應變措施，並於事故發生後三小時內，通知當地主管機關。主管機關應命其採取必要之防治措施，情節嚴重者，並令其停業或部分或全部停工。
　　　　　　前項之緊急應變措施，其措施內容與執行方法，由中央主管機關定之。

第二十九條　直轄市、縣（市）主管機關，得視轄境內水污染狀況，劃定水污染管制區公告之，並報中央主管機關。前項管制區涉及二直轄市、縣（市）以上者，由中央主管機關劃定並公告之。

第三十條　在水污染管制區內，不得有下列行為：
　　　　一、使用農藥或化學肥料，致有污染主管機關指定之水體之虞。
　　　　二、在水體或其沿岸規定距離內棄置垃圾、水肥、污泥、酸鹼廢液、建築廢料或其他污染物。
　　　　三、使用毒品、藥品或電流捕殺水生物。
　　　　四、在主管機關指定之水體或其沿岸規定距離內飼養家禽、家畜。
　　　　五、其他經主管機關公告禁止足使水污染之行為。
　　　　前項第一款、第二款及第四款所稱指定水體及規定距離，由主管機關視實際需要公告之。但中央主管機關另有規定者，從其規定。

第三十一條　事業或污水下水道系統，排放廢（污）水於劃定為總量管制之水體，有下列情形之一，應自行設置放流水水質水量自動監測系統，予以監測：
　　　　一、排放廢（污）水量每日超過一千立方公尺者。
　　　　二、經直轄市、縣（市）主管機關認定係重大水污染源者。
　　　　前項監測結果、監測儀器校正，應作成紀錄，並依規定向直轄市、縣（市）主管機關或中央主管機關申報。

第三十二條　廢（污）水不得注入於地下水體或排放於土壤。但有下列情形之一，經直轄市、縣（市）主管機關審查核准，發給許可證並報經中央主管機關核備者，不在此限：
　　　　一、污水經依環境風險評估結果處理至規定標準，且不含有害健康物質者，為補注地下水源之目的，得注入於飲用水水源水質保護區或其他需保護地區以外之地下水體。
　　　　二、廢（污）水經處理至合於土壤處理標準及依第十八條所定之辦法者，得排放於土壤。前項第一款之規定標準及有害健康物質之種類、限值，由中央主管機關公告之。
　　　　第一項第二款可採取土壤處理之對象、適用範圍、項目、濃度或總量限值、管制方式及其他應遵行事項之土壤處理標準，由中央主管機關會商相關目的事業主管機關定之。
　　　　依主管機關核定之土壤處理與作物吸收試驗及地下水水質監測計畫，排放廢（污）水於土壤者，應依主管機關規定之格式、內容、頻率、方式，執行試驗、監測、記錄及申報。
　　　　依第一項核發之許可證有效期間為三年，期滿仍繼續使用者，應自期滿六個月前起算五個月之期間內，向直轄市、縣（市）主管機關申請核准展延。每次展延，不得超過三年。

第三十三條　事業貯存經中央主管機關公告指定之物質時，應設置防止污染地下水體之設施及監測設備，並經直轄市、縣（市）主管機關備查後，始得申辦有關使用事宜。

前項監測設備應依主管機關規定之格式、內容、頻率、方式，監測、記錄及申報。

第一項防止污染地下水體之設施、監測設備之種類及設置之管理辦法，由中央主管機關定之。

第四章　罰則

第三十四條　違反第二十七條第一項、第二十八條第一項未立即採取緊急應變措施、不遵行主管機關依第二十七條第四項、第二十八條第一項所為之命令或不遵行主管機關依本法所為停工或停業之命令者，處三年以下有期徒刑、拘役或科或併科新臺幣二十萬元以上五百萬元以下罰金。

不遵行主管機關依本法所為停止作為之命令者，處一年以下有期徒刑、拘役或科或併科新臺幣十萬元以上五十萬元以下罰金。

第三十五條　依本法規定有申報義務，明知為不實之事項而申報不實或於業務上作成之文書為虛偽記載者，處三年以下有期徒刑、拘役或科或併科新臺幣二十萬元以上三百萬元以下罰金。

第三十六條　事業注入地下水體、排放於土壤或地面水體之廢（污）水所含之有害健康物質超過本法所定各該管制標準者，處三年以下有期徒刑、拘役或科或併科新臺幣二十萬元以上五百萬元以下罰金。

犯前項之罪而有下列情形之一者，處五年以下有期徒刑，得併科新臺幣二十萬元以上一千五百萬元以下罰金：

一、無排放許可證或簡易排放許可文件。

二、違反第十八條之一第一項規定。

三、違反第三十二條第一項規定。

第一項有害健康物質之種類，由中央主管機關公告之。

負責人或監督策劃人員犯第三十四條至本條第二項之罪者，加重其刑至二分之一。

第三十七條　犯第三十四條、前條之罪或排放廢（污）水超過放流水標準，因而致人於死者，處無期徒刑或七年以上有期徒刑，得併科新臺幣三千萬元以下罰金；致重傷者，處三年以上十年以下有期徒刑，得併科新臺幣二千五百萬元以下罰金；致危害人體健康導致疾病或嚴重污染環境者，處一年以上七年以下有期徒刑，得併科新臺幣二千萬元以下罰金。

第三十八條　（刪除）

第三十九條　法人之負責人、法人或自然人之代理人、受僱人或其他從業人員，因執行業務犯第三十四條至第三十七條之罪者，除依各該條規定處罰其行為人外，對該法人或自然人亦科以各該條十倍以下之罰金。

犯本法之罪者，因犯罪所得財物或財產上利益，除應發還被害人或支付第七十一條主管機關代為清理、改善及衍生之必要費用外，不問屬於犯罪行為

人與否，沒收之；如全部或一部不能沒收時，應追徵其價額或以其財產抵償之。但善意第三人以相當對價取得者，不在此限。

為保全前項財物或財產上利益之沒收，其價額之追徵或財產之抵償，必要時，得酌量扣押其財產。

第三十九條之一　事業或污水下水道系統不得因廢（污）水處理專責人員或其他受僱人，向主管機關或司法機關揭露違反本法之行為、擔任訴訟程序之證人或拒絕參與違反本法之行為，而予解僱、降調、減薪或其他不利之處分。

事業或污水下水道系統或其行使管理權之人，為前項規定所為之解僱、降調、減薪或其他不利之處分者，無效。

事業或污水下水道系統之廢（污）水處理專責人員或其他受僱人，因第一項規定之行為受有不利處分者，事業或污水下水道系統對於該不利處分與第一項規定行為無關之事實，負舉證責任。

廢（污）水處理專責人員或其他受僱人曾參與依本法應負刑事責任之行為，而向主管機關揭露或司法機關自白或自首，因而查獲其他正犯或共犯者，減輕或免除其刑。

第四十條　事業或污水下水道系統排放廢（污）水，違反第七條第一項或第八條規定者，處新臺幣六萬元以上二千萬元以下罰鍰，並通知限期改善，屆期仍未完成改善者，按次處罰；情節重大者，得令其停工或停業；必要時，並得廢止其水污染防治許可證（文件）或勒令歇業。

畜牧業違反第七條第一項或第八條之規定者，處新臺幣六千元以上六十萬元以下罰鍰，並通知限期改善，屆期仍未完成改善者，按次處罰；情節重大者，得令其停工或停業；必要時，並得廢止其水污染防治許可證（文件）或勒令歇業。

第四十一條　建築物污水處理設施違反第七條第一項或第八條規定者，處新臺幣三千元以上三十萬元以下罰鍰。

第四十二條　污水下水道系統或建築物污水處理設施違反第七條第一項或第八條規定者，處罰其所有人、使用人或管理人；污水下水道系統或建築物污水處理設施為共同所有或共同使用且無管理人者，應對共同所有人或共同使用人處罰。

第四十三條　事業或污水下水道系統違反依第九條第二項所定之總量管制方式者，處新臺幣三萬元以上三百萬元以下罰鍰，並通知限期改善，屆期仍未完成改善者，按次處罰；情節重大者，得令其停工或停業，必要時，並得廢止其水污染防治許可證（文件）或勒令歇業。

第四十四條　違反第十一條第四項所定辦法，未於期限內繳納費用者，應依繳納期限當日郵政儲金一年期定期存款固定利率按日加計利息一併繳納；逾期九十日仍未繳納者，事業或污水下水道系統另處新臺幣六千元以上三十萬元以下罰鍰，家戶處新臺幣一千五百元以上三萬元以下罰鍰。

第四十五條　違反第十四條第一項未取得排放許可證或簡易排放許可文件而排放廢（污）水者，處新臺幣六萬元以上六百萬元以下罰鍰，主管機關並應令事業全部停工或停業；必要時，應勒令歇業。違反第十四條第一項未依排放許可證或簡易排放許可文件之登記事項運作者，處新臺幣六萬元以上六百萬元以下罰鍰，並通知限期補正，屆期仍未補正者，按次處罰；情節重大者，得令其停工或停業；必要時，並得廢止其水污染防治許可證（文件）或勒令歇業。違反第十四條第二項，處新臺幣一萬元以上六十萬元以下罰鍰，並通知限期補正，屆期仍未補正者，按次處罰。

第四十六條　違反依第十三條第四項或第十八條所定辦法規定者，處新臺幣一萬元以上六百萬元以下罰鍰，並通知限期補正或改善，屆期仍未補正或完成改善者，按次處罰；情節重大者，得令其停工或停業；必要時，並得廢止其水污染防治許可證（文件）或勒令歇業。

第四十六條之一　排放廢（污）水違反第十八條之一第一項、第二項或第四項規定者，處新臺幣六萬元以上二千萬元以下罰鍰，並通知限期改善，屆期仍未完成改善者，按次處罰；情節重大者，得令其停工或停業；必要時，並得廢止其水污染防治許可證（文件）或勒令歇業。

第四十七條　污水下水道系統違反第十九條規定者，處新臺幣六萬元以上六百萬元以下罰鍰，並通知限期補正或改善，屆期仍未補正或完成改善者，按次處罰。

第四十八條　事業或污水下水道系統違反第二十條第一項未取得貯留或稀釋許可文件而貯留或稀釋廢（污）水者，處新臺幣三萬元以上三百萬元以下罰鍰，主管機關並應令事業全部停工或停業；必要時，應勒令歇業。

事業或污水下水道系統違反第二十條第一項未依貯留或稀釋許可文件之登記事項運作者，處新臺幣三萬元以上三百萬元以下罰鍰，並通知限期補正，屆期仍未補正者，按次處罰；情節重大者，得令其停工或停業；必要時，並得廢止其水污染防治許可證（文件）或勒令歇業。

事業或污水下水道系統違反第二十一條第一項或依第二十一條第二項所定辦法者，處新臺幣一萬元以上十萬元以下罰鍰，並通知限期補正或改善，屆期仍未補正或完成改善者，按次處罰。

廢（污）水處理專責人員違反依第二十一條第二項所定辦法者，處新臺幣一萬元以上十萬元以下罰鍰；必要時，得廢止其廢水處理專責人員合格證書。

第四十九條　違反第二十三條第一項或依第二十三條第二項所定管理辦法者，處新臺幣三萬元以上三百萬元以下罰鍰，並通知限期補正或改善，屆期仍未補正或完成改善者，按次處罰；情節重大者，得令其停業，必要時，並得廢止其許可證或勒令歇業。

第五十條　規避、妨礙或拒絕第二十六條第一項之查證者，處新臺幣三萬元以上三百萬元以下罰鍰，並得按次處罰及強制執行查證工作。

第五十一條　違反第二十七條第一項、第四項規定者，處新臺幣六萬元以上六百萬元以下罰鍰；必要時，並得廢止其水污染防治許可證（文件）或勒令歇業。違反第二十八條第一項規定者，處新臺幣一萬元以上六百萬元以下罰鍰，並通知限期補正或改善，屆期仍未補正或完成改善者，按次處罰；必要時，並得廢止其水污染防治許可證（文件）或勒令歇業。

第五十二條　違反第三十條第一項各款情形之一或第三十一條第一項規定者，處新臺幣三萬元以上三百萬元以下罰鍰，並通知限期改善，屆期仍未完成改善者，按次處罰；情節重大者，得令其停止作為或停工、停業，必要時，並得廢止其水污染防治許可證（文件）或勒令歇業。

第五十三條　違反第三十二條第一項未取得注入地下水體或排放土壤處理許可證而注入或排放廢（污）水者，處新臺幣六萬元以上六百萬元以下罰鍰，主管機關並應令事業全部停工或停業；必要時，應勒令歇業。

違反第三十二條第一項未依注入地下水體或排放土壤處理許可證之登記事項運作者，處新臺幣六萬元以上六百萬元以下罰鍰，並通知限期補正，屆期仍未補正者，按次處罰；情節重大者，得令其停工或停業；必要時，並得廢止其水污染防治許可證（文件）或勒令歇業。

第五十四條　違反第三十三條第一項、第二項規定者，處新臺幣六萬元以上六百萬元以下罰鍰，並通知限期改善，屆期仍未完成改善者，按次處罰；情節重大者，得令其停止貯存或停工、停業，必要時，並得勒令歇業。

第五十五條　違反本法規定，經認定情節重大者，主管機關得依本法規定逕命停止作為、停止貯存、停工或停業；必要時，並勒令歇業。

第五十六條　依第二十條第三項、第二十二條、第三十一條第二項、第三十二條第四項或第三十三條第二項有申報義務，不為申報者，處新臺幣六千元以上三百萬元以下罰鍰，並通知限期申報，屆期未申報或申報不完全者，按次處罰。

第五十七條　本法所定屆期仍未補正或完成改善之按次處罰，其限期改善或補正之期限、改善完成認定查驗方式、法令執行方式及其他應遵行事項之準則，由中央主管機關定之。

第五十八條　同一事業設置數放流口，或數事業共同設置廢水處理設施或使用同一放流口，其排放廢水未符合放流水標準或本法其他規定者，應分別處罰。

第五十九條　廢（污）水處理設施發生故障時，符合下列規定者，於故障發生二十四小時內，得不適用主管機關所定標準：

一、立即修復或啟用備份裝置，並採行包括減少、停止生產或服務作業量或其他措施之應變措施。

二、立即於故障紀錄簿中記錄故障設施名稱及故障時間，並向當地主管機關以電話或電傳報備，並記錄報備發話人、受話人姓名、職稱。

三、於故障發生二十四小時內恢復正常操作或於恢復正常操作前減少、停止

　　　　　　　生產及服務作業。
　　　　　四、於五日內向當地主管機關提出書面報告。
　　　　　五、故障與所違反之該項放流水標準有直接關係者。
　　　　　六、不屬六個月內相同之故障。
　　　　前項第四款書面報告內容，應包括下列事項：
　　　　　一、設施名稱及故障時間。
　　　　　二、發生原因及修復方法。
　　　　　三、故障期間所採取之污染防治措施。
　　　　　四、防止未來同類故障再發生之方法。
　　　　　五、前項第一款及第二款有關之證據資料。
　　　　　六、其他經主管機關規定之事項。

第六十條　事業未於依第四十條、第四十三條、第四十六條或第五十三條所為通知改善之期限屆滿前，檢具符合主管機關所定標準或其他規定之證明文件，送交主管機關收受者，視為未完成改善。

第六十一條　依本法通知限期補正、改善或申報者，其補正、改善或申報期間，不得超過九十日。

第六十二條　事業、污水下水道系統或建築物污水處理設施，因天災或其他不可抗力事由，致不能於改善期限內完成改善者，應於其原因消滅後繼續進行改善，並於十五日內以書面敘明理由，檢具有關證明文件，向當地主管機關申請核定賸餘期間之起算日。

第六十三條　事業經停業、部分或全部停工者，應於復工（業）前，檢具水污染防治措施及污泥處理改善計畫申請試車，經審查通過，始得依計畫試車。其經主管機關命限期改善而自報停工（業）者，亦同。

　　　　前項試車之期限不得超過三個月，且應於試車期限屆滿前，申請復工（業）。主管機關於審查試車、復工（業）申請案期間，事業經主管機關同意，在其申報可處理至符合管制標準之廢（污）水產生量下，得繼續操作。

　　　　前項復工（業）之申請，主管機關應於一個月期間內，經十五日以上之查驗及評鑑，始得按其查驗及評鑑結果均符合管制標準時之廢（污）水產生量，作為核准其復工（業）之製程操作條件。事業並應據以辦理排放許可登記事項之變更登記。

　　　　經查驗及評鑑不合格，未經核准復工（業）者，應停止操作，並進行改善，且一個月內不得再申請試車。

　　　　事業於申請試車或復工（業）期間，如有違反本法規定者，主管機關應依本法規定按次處罰或命停止操作。

第六十三條之一　事業應將依前條第一項所提出之水污染防治措施及污泥處理改善計畫，登載於中央主管機關所指定之公開網頁供民眾查詢。

主管機關為前條第一項審查時，應給予利害關係人及公益團體於主管機關完成審查前表示意見，作為主管機關審查時之參考；於會議後應作成會議紀錄並公開登載於前項中央主管機關指定之網頁。

第六十四條　本法所定之處罰，除另有規定外，在中央由行政院環境保護署為之，在直轄市由直轄市政府為之，在縣（市）由縣（市）政府為之。

第六十五條　（刪除）

第六十六條　本法之停工或停業、撤銷、廢止許可證之執行，由主管機關為之；勒令歇業，由主管機關轉請目的事業主管機關為之。

第六十六條之一　依本法處罰鍰者，其額度應依污染特性及違規情節裁處。
　　　　　　　前項裁罰準則由中央主管機關定之。

第六十六條之二　違反本法義務行為而有所得利益者，除應依本法規定裁處一定金額之罰鍰外，並得於所得利益之範圍內，予以追繳。
　　　　　　　為他人利益而實施行為，致使他人違反本法上義務應受處罰者，該行為人因其行為受有財產上利益而未受處罰時，得於其所受財產上利益價值範圍內，予以追繳。
　　　　　　　行為人違反本法上義務應受處罰，他人因該行為受有財產上利益而未受處罰時，得於其所受財產上利益價值範圍內，予以追繳。
　　　　　　　前三項追繳，由為裁處之主管機關以行政處分為之；所稱利益得包括積極利益及應支出而未支出或減少支出之消極利益，其核算及推估辦法，由中央主管機關定之。

第六十六條之三　各級主管機關依第十一條第六項設置之特種基金，其來源除該條第一項水污染防治費徵收之費用外，應包括各級主管機關依前條追繳之所得利益及依本法裁處之部分罰鍰。
　　　　　　　前項基金來源屬追繳之所得利益及依本法裁處之罰鍰者，應優先支用於該違反本法義務者所污染水體之整治。第六十六條之四民眾得敘明事實或檢具證據資料，向直轄市、縣（市）主管機關檢舉違反本法之行為。
　　　　　　　直轄市、縣（市）主管機關對於檢舉人之身分應予保密；前項檢舉經查證屬實並處以罰鍰者，其罰鍰金額達一定數額時，得以實收罰鍰總金額收入之一定比例，提充獎金獎勵檢舉人。
　　　　　　　前項檢舉及獎勵之檢舉人資格、獎金提充比例、分配方式及其他相關事項之辦法，由直轄市、縣（市）主管機關定之。

第五章　附則

第六十七條　各級主管機關依本法核發許可證、受理變更登記或各項申請之審查、許可，應收取審查費、檢驗費或證書費等規費。前項收費標準，由中央主管機關會商有關機關定之。

第六十八條　本法所定各項檢測之方法及品質管制事項，由中央主管機關指定公告之。

第六十九條　事業、污水下水道系統應將主管機關核准之水污染防治許可證（文件）、依本法申報之資料，與環境工程技師、廢水處理專責人員及環境檢驗測定機構之證號資料，公開於中央主管機關指定之網站。

各級主管機關基於水污染防治研究需要，得提供與研究有關之事業、污水下水道系統或建築物污水處理設施之個別或統計性資料予學術研究機關（構）、環境保護事業單位、技術顧問機構、財團法人；其提供原則，由中央主管機關公告之。

各級主管機關得於中央主管機關指定之網站，公開對事業、污水下水道系統、建築物污水處理設施、環境工程技師、廢水處理專責人員、環境檢驗測定機構查核、處分之個別及統計資訊。

第七十條　水污染受害人，得向主管機關申請鑑定其受害原因；主管機關得會同有關機關查明後，命排放水污染物者立即改善，受害人並得請求適當賠償。

第七十一條　地面水體發生污染事件，主管機關應令污染行為人限期清除處理，屆期不為清除處理時，主管機關得代為清除處理，並向其求償清理、改善及衍生之必要費用。

前項必要費用之求償權，優於一切債權及抵押權。

第七十一條之一　為保全前條主管機關代為清理之債權、違反本法規定所裁處之罰鍰及第六十六條之二追繳所得利益之履行，主管機關得免提供擔保向行政法院聲請假扣押、假處分。

第七十二條　事業、污水下水道系統違反本法或依本法授權訂定之相關命令而主管機關疏於執行時，受害人民或公益團體得敘明疏於執行之具體內容，以書面告知主管機關。主管機關於書面告知送達之日起六十日內仍未依法執行者，受害人民或公益團體得以該主管機關為被告，對其怠忽執行職務之行為，直接向高等行政法院提起訴訟，請求判令其執行。高等行政法院為前項判決時，得依職權判命被告機關支付適當律師費用、監測鑑定費用或其他訴訟費用予對維護水體品質有具體貢獻之原告。第一項之書面告知格式，由中央主管機關會商有關機關定之。

第七十三條　本法第四十條、第四十三條、第四十六條、第四十六條之一、第四十九條、第五十二條、第五十三條及第五十四條所稱之情節重大，係指下列情形之一者：

一、未經合法登記或許可之污染源，違反本法之規定。

二、經處分後，自報停工改善，經查證非屬實。

三、一年內經二次限期改善，仍繼續違反本法規定。

四、工業區內事業單位，將廢（污）水納入工業區污水下水道系統處理，而違反下水道相關法令規定，經下水道機構依下水道法規定以情節重大通

　　　　　　知停止使用，仍繼續排放廢（污）水。
　　　　五、大量排放污染物，經主管機關認定嚴重影響附近水體品質。
　　　　六、排放之廢（污）水中含有有害健康物質，經主管機關認定有危害公眾健康之虞。
　　　　七、其他經主管機關認定嚴重影響附近地區水體品質之行為。
　　　　主管機關應公開依前項規定認定情節重大之事業，由提供優惠待遇之目的事業主管機關或各該法律之主管機關停止並追回其違規行為所屬年度之優惠待遇，並於其後三年內不得享受政府之優惠待遇。
　　　　前項所稱優惠待遇，包含中央或地方政府依法律或行政行為所給予該事業獎勵、補助、捐助或減免之租稅、租金、費用或其他一切優惠措施。
第七十四條　本法施行細則，由中央主管機關定之。
第七十五條　本法自公布日施行。

附錄

地面水體分類及水質標準

中華民國七十四年九月二十五日行政院衛生署衛署環字第五四七三二七號令訂定發布
中華民國八十二年八月二日行政院環境保護署環署水字第三○一二三號令修正發布
中華民國八十七年一月二十一日行政院環境保護署（八七）環署水字第○二五九九號令修正發布
中華民國八十七年六月二十四日行政院環境保護署（八七）環署水字第○○三九一五九號令修正發布

第一條　地面水體分類及水質標準（以下簡稱本標準）依水污染防治法第六條第一項規定訂定之。

第二條　本標準專用名詞之定義如下：
　　　　一、一級公共用水：指經消毒處理即可供公共給水之水源。
　　　　二、二級公共用水：指需經混凝、沈澱、過濾、消毒等一般通用之淨水方法處理可供公共給水之水源。
　　　　三、三級公共用水：指經活性碳吸附、離子交換、逆滲透等特殊或高度處理可供公共給水之水源。
　　　　四、一級水產用水：在陸域地面水體，指可供鱒魚、香魚及鱸魚培養用水之水源；在海域水體，指可供嘉臘魚及紫菜類培養用水之水源。
　　　　五、二級水產用水：在陸域地面水體，指可供鰱魚、草魚及貝類培養用水之水源；在海域水體，指虱目魚、烏魚及龍鬚菜培養用水之水源。
　　　　六、一級工業用水：指可供製造用水之水源。
　　　　七、二級工業用水：指可供冷卻用水之水源。

第三條　陸域、海域地面水體分類係依水體特質規範其適用性質及其相關環境基準，非為限制水體之用途。
　　　　其相關環境基準關係保護人體健康及保護生活環境，分別規定保護生活環境相關基準如附表一及保護人體健康相關環境基準如附表二。
第四條　陸域地面水體分類分為甲、乙、丙、丁、戊五類，其適用性質如下：
　　　　一、甲類：適用於一級公共用水、游泳、乙類、丙類、丁類及戊類。
　　　　二、乙類：適用於二級公共用水、一級水產用水、丙類、丁類及戊類。
　　　　三、丙類：適用於三級公共用水、二級水產用水、一級工業用水、丁類及戊類。
　　　　四、丁類：適用於灌溉用水、二級工業用水及環境保育。
　　　　五、戊類：適用環境保育。
　　　　海域地面水體分類分為甲、乙、丙三類，其適用性質如下：
　　　　一、甲類：適用於一級水產用水、游泳、乙類及丙類。
　　　　二、乙類：適用於二級水產用水、二級工業用水及環境保育。
　　　　三、丙類：適用環境保育。
第五條　陸域、海域地面水體經自淨或整治後達到相關環境基準時，即不得降低其水體分類及相關環境基準值。
　　　　主管機關得於本標準修正後二年內檢討現行劃定之水區及其水體分類，其檢討不受前項限制。
第六條　本標準所列水質之檢驗方法，由中央主管機關訂定公告之。
第七條　本標準自發布日施行。

附錄

放流水標準

中華民國 103 年 1 月 22 日行政院環境保護署環署水字第 1030005842 號令修正發布第二條條文

第一條　本標準依水污染防治法（以下簡稱本法）第七條第二項規定訂定之。

第二條　事業、污水下水道系統及建築物污水處理設施之放流水標準，其水質項目及限值如下表。但特定業別、區域另定有排放標準者，依其規定。

適用範圍	項目	最大限值	備註
事業、污水下水道系統及建築物污水處理設施之廢污水共同適用	水溫	一、放流水排放至非海洋之地面水體者： 1. 攝氏三十八度以下（適用於五月至九月）。 2. 攝氏三十五度以下（適用於十月至翌年四月）。 二、放流水直接排放於海洋者，其放流口水溫不得超過攝氏四十二度，且距排放口五百公尺處之表面水溫差不得超過攝氏四度。	

項目	限值	備註
氫離子濃度指數	6.0～9.0	
氟鹽	15	
硝酸鹽氮	50	不適用於排放廢（污）水於水源水質水量保護區內新設立之公共下水道。（新設立之公共下水道係指於中華民國九十年十一月二十三日前尚未完成規劃，或已完成規劃，但尚未進行工程招標者）。
氨氮	10	一、氨氮及正磷酸鹽之管制僅適用於排放廢（污）水於水源水質水量保護區內。但畜牧業之氨氮與正磷酸鹽管制由主管機關會商目的事業主管機關後，另行公告其管制期日及放流水標準。 二、正磷酸鹽之管制不適用於排放廢（污）水於水源水質水量保護區內新設立之公共下水道。（新設立之公共下水道係指於中華民國九十年十一月二十三日前尚未完成規劃，或已完成規劃，但尚未進行工程招標者）。
正磷酸鹽（以三價磷酸根計算）	4.0	
酚類	1.0	
陰離子介面活性劑	10	
氰化物	1.0	
油脂（正己烷抽出物）	10	
溶解性鐵	10	
溶解性錳	10	
鎘	0.03	
鉛	1.0	
總鉻	2.0	
六價鉻	0.5	
甲基汞	0.0000002	
總汞	0.005	
銅	3.0	
鋅	5.0	
銀	0.5	
鎳	1.0	
硒	0.5	

	砷	0.5	
	硼	1.0	
	硫化物	1.0	
	甲醛	3.0	
	多氯聯苯	0.00005	
	總有機磷劑（如巴拉松、大利松、達馬松、亞素靈、一品松等）	0.5	
	總氨基甲酸鹽（如滅必蝨、加保扶、納乃得、安丹、丁基滅必蝨等）	0.5	
	除草劑（如丁基拉草、巴拉刈、二、四—地、拉草、滅草、嘉磷塞等）	1.0	
	安殺番	0.03	
	安特靈	0.0002	
	靈丹	0.004	
	飛佈達及其衍生物	0.001	
	滴滴涕及其衍生物	0.001	
	阿特靈、地特靈	0.003	
	五氯酚及其鹽類	0.005	
	毒殺芬	0.005	
	五氯硝苯	0.00005	
	福爾培	0.00025	
	四氯丹	0.00025	
	蓋普丹	0.00025	
	戴奧辛	10	適用於中華民國一百零一年十月十二日前已完成工程招標、建造中或已完成建造之紙漿製造業、及其他具廢棄物焚化設施，且其空氣污染防制設備採濕式或半乾式洗滌設施處理並產生廢水進入廢水處理設施之事業。
		5	適用於中華民國一百零一年十月十二日前尚未完成規劃者，或已完成規劃，但尚未完成工程招標之紙漿製造業、及其他具廢棄物焚化設施，且其空氣污染防制設備採濕式或半乾式洗滌設施處理並產生廢水進入廢水處理設施之事業。

行業	細類	項目	限值	備註
印染整理業	印花、梭織布染整者	生化需氧量	30	
		化學需氧量	160	
		懸浮固體	30	
		真色色度	550	
	筒紗、絞紗染色、針織布及不織布染整者	生化需氧量	30	
		化學需氧量	140	
		懸浮固體	30	
		真色色度	550	
	整理、紙印花、刷毛、剪毛、磨毛及非屬前二類者	生化需氧量	30	
		化學需氧量	100	
		懸浮固體	30	
		真色色度	550	
製革業	生皮製成成品皮者	生化需氧量	30	
		化學需氧量	160	
		懸浮固體	30	
		真色色度	550	
	濕藍皮製成成品皮者	生化需氧量	30	
		化學需氧量	200	
		懸浮固體	30	
		真色色度	550	
	非屬「生皮製成成品皮」、「濕藍皮製成成品皮」二類者	生化需氧量	30	
		化學需氧量	100	
		懸浮固體	30	
		真色色度	550	
紙漿製造業		化學需氧量	150	
		懸浮固體	50	
		真色色度	550	
醱酵業（醱酵製造業、味精製造業、酒、酒精及醋製造業、醬油製造業、抗生素、有機溶劑製造業）		生化需氧量	50	
		化學需氧量	150	
		懸浮固體	50	
		真色色度	550	
造紙業		生化需氧量	30	
		化學需氧量	100	未使用廢紙為原料者。
			180	使用廢紙為原料達百分之六十以上者。
			160	使用廢紙為原料未達百分之六十者。
		懸浮固體	30	
		真色色度	550	

行業	項目	限值	備註
毛滌業	生化需氧量	30	
	化學需氧量	100	
	懸浮固體	30	
	真色色度	550	
藥品製造業、農藥、環境衛生用藥製造業	生化需氧量	30	
	化學需氧量	100	
	懸浮固體	30	
	真色色度	550	
食品製造業	生化需氧量	30	
	化學需氧量	100	
	懸浮固體	30	
	大腸桿菌群	200,000	適用具動物屍體化製製程之事業。
屠宰業	生化需氧量	80	
	化學需氧量	150	
	懸浮固體	80	
	真色色度	550	
	大腸桿菌群	200,000	
金屬基本工業、金屬表面處理業、電鍍業、船舶建造修配業	化學需氧量	100	
	懸浮固體	30	
發電廠	生化需氧量	30	
	化學需氧量	100	
	懸浮固體	30	
	總餘氯	0.5	
橡膠製品製造業	生化需氧量	30	
	化學需氧量	100	
	懸浮固體	30	
水泥業	化學需氧量	100	
	懸浮固體	50	
製粉業	生化需氧量	50	
	化學需氧量	100	
	懸浮固體	80	
紡織業	生化需氧量	30	
	化學需氧量	100	
	懸浮固體	30	
	真色色度	550	
製糖業	生化需氧量	30	
	化學需氧量	100	
	懸浮固體	30	

採礦業、陶窯業、土石加工業、土石採取業	化學需氧量	100	
	懸浮固體	50	
修車廠	化學需氧量	100	
	懸浮固體	30	
玻璃業	化學需氧量	100	
	懸浮固體	50	
印刷電路板製造業	生化需氧量	50	
	化學需氧量	120	
	懸浮固體	50	
其他工業	生化需氧量	30	
	化學需氧量	100	
	懸浮固體	30	
	真色色度	550	
廢水代處理業	生化需氧量	30	
	化學需氧量	100	
	懸浮固體	30	
	真色色度	550	
	大腸桿菌群	200,000	
畜牧業（一）	生化需氧量	80	適用非草食性動物，如豬、雞、鴨、鵝等。
	化學需氧量	600	
	懸浮固體	150	
畜牧業（二）	生化需氧量	80	適用草食性動物，如牛、馬、羊、鹿、兔等。
	化學需氧量	450	
	懸浮固體	150	
肉品市場	生化需氧量	80	
	化學需氧量	150	
	懸浮固體	80	
	真色色度	550	
魚市場	生化需氧量	30	
	化學需氧量	100	
	懸浮固體	30	
水肥處理廠（場）	生化需氧量	50	
	化學需氧量	100	
	懸浮固體	50	
	大腸桿菌群	300,000	
應回收廢棄物回收處理業、廢棄物掩埋場	化學需氧量	200	
	懸浮固體	50	
廢棄物焚化廠或其他廢棄物處理廠（場）	化學需氧量	100	
	懸浮固體	30	
	大腸桿菌群	200,000	適用具動物屍體化製製程之事業。

照相沖洗業及製版業	化學需氧量	100	
	懸浮固體	30	
洗衣業、船舶解體業、清艙業	化學需氧量	100	
	懸浮固體	50	
水產養殖業	生化需氧量	30	
	化學需氧量	100	
	懸浮固體	30	
實驗、檢（化）驗、研究室	生化需氧量	30	
	化學需氧量	200	
	懸浮固體	50	
醫院、醫事機構	生化需氧量	30	
	化學需氧量	100	
	懸浮固體	30	
	大腸桿菌群	200,000	
動物園	生化需氧量	50	
	化學需氧量	150	
	懸浮固體	50	
	大腸桿菌群	300,000	
環境檢驗測定機構	生化需氧量	30	
	化學需氧量	100	
	懸浮固體	30	
自來水廠	化學需氧量	100	自來水廠因應豪雨特報或天然災害發生，如已依水污染防治措施及檢測申報管理辦法規定採取緊急應變措施，得直接排放，不適用本標準。
	懸浮固體	50	
	總餘氯	0.5	
餐飲業、觀光旅館（飯店）、遊樂園（區）	生化需氧量	50	餐飲業、觀光旅館（飯店）之單純泡湯廢水，符合水污染防治措施及檢測申報管理辦法規定者，放流至該溫泉泉源所屬之地面水體，僅水溫須符合本標準之管制限值。
	化學需氧量	150	
	懸浮固體	50	
	大腸桿菌群	300,000	
貨櫃集散站經營業	化學需氧量	100	
	懸浮固體	30	
洗車場	化學需氧量	100	
	懸浮固體	50	
貯煤場、營建工地、土石方堆（棄）置場	生化需氧量	30	營建工地及土石方堆（棄）置場之管制僅適用於未依規定採行必要措施者。
	化學需氧量	100	
	懸浮固體	30	
	真色色度	550	

其他經中央主管機關指定之事業		生化需氧量		30	
		化學需氧量		100	
		懸浮固體		30	
		真色色度		550	
污水下水道系統	專用下水道	石油化學專業區以外之工業區（不包括科學工業園區）	生化需氧量	最大值	30	七日平均值係間隔每四至八小時採樣一次，每日共四個水樣，混合成一個水樣檢測分析，連續七日之測值再算術平均之。
				七日平均值	25	
			化學需氧量	最大值	100	
				七日平均值	80	
			懸浮固體	最大值	30	
				七日平均值	25	
			真色色度		550	
			生化需氧量	最大值	25	一、中華民國一百零五年一月一日施行。二、適用於中華民國九十八年七月三十一日前尚未完成規劃，或已完成規劃但尚未進行工程招標之工業區污水下水道系統；及中華民國九十八年七月三十一日前已完成工程招標，且許可核准排放水量為每日一萬立方公尺以上之工業區污水下水道系統。三、七日平均值係間隔每四至八小時採樣一次，每日共四個水樣，混合成一個水樣檢測分析，連續七日之測值再算術平均之。
				七日平均值	20	
			化學需氧量	最大值	80	
				七日平均值	65	
			懸浮固體	最大值	25	
				七日平均值	20	
			真色色度		550	
	社區下水道	流量大於二五○立方公尺／日	生化需氧量		30	
			化學需氧量		100	
			懸浮固體		30	
			大腸桿菌群		200,000	
		流量二五○立方公尺／日以下	生化需氧量		50	
			化學需氧量		150	
			懸浮固體		50	
			大腸桿菌群		300,000	
	其他指定地區或場所		生化需氧量		30	
			化學需氧量		100	
			懸浮固體		30	

公共下水道	流量大於二五○立方公尺／日	總氮	15	總氮、總磷僅適用於排放廢（污）水於水源水質水量保護區內之新設立之公共下水道。（新設立之公共下水道係指於中華民國九十年十一月二十三日前尚未完成規劃，或已完成規劃，但尚未進行工程招標者）。
		總磷	2.0	
		生化需氧量	30	
		化學需氧量	100	
		懸浮固體	30	
		大腸桿菌群	200,000	
	流量二五○立方公尺／日以下	總氮	15	
		總磷	2.0	
		生化需氧量	50	
		化學需氧量	150	
		懸浮固體	50	
		大腸桿菌群	300,000	
新設建築物污水處理設施	流量大於二五○立方公尺／日	生化需氧量	30	
		化學需氧量	100	
		懸浮固體	30	
		大腸桿菌群	200,000	
	流量二五○立方公尺／日以下	生化需氧量	50	
		化學需氧量	150	
		懸浮固體	50	
		大腸桿菌群	300,000	
既設建築物污水處理設施	流量大於二五○立方公尺／日	生化需氧量	30	
		化學需氧量	100	
		懸浮固體	30	
		大腸桿菌群	200,000	
	流量介於五○－二五○立方公尺／日	生化需氧量	50	既設建築物指中華民國九十七年十二月三十一日以前申請建造執照者。
		化學需氧量	150	
		懸浮固體	50	
		大腸桿菌群	300,000	
	流量小於五○立方公尺／日	生化需氧量	80	
		化學需氧量	250	
		懸浮固體	80	

第三條　事業及其所屬公會或環境保護相關團體得隨時提出具體科學性數據、資料，供檢討修正之參考。

第四條　本標準所定之化學需氧量限值，係以重鉻酸鉀氧化方式檢測之；真色色度，係以真色色度法檢測之。

第五條　本標準所定之戴奧辛係以檢測 2,3,7,8- 四氯戴奧辛（2,3,7,8-Tetrachlorinated dibenzo-p-dioxin, 2,3,7,8-TeCDD），2,3,7,8- 四氯呋喃（2,3,7,8-Tetrachlorinateddibenzofuran, 2,3,7,8-TeCDF）及 2,3,7,8- 氯化之五氯（Penta-），六氯（Hexa-），七氯（Hepta-）與八氯（Octa-）戴奧辛及呋喃等共十七項化合物所得濃度，乘以國際毒性當量因子（International Toxicity Equivalency Factor, I-TEF）之總和計算之，以總毒性當量（Toxicity Equivalency Quantity of 2,3,7,8-tetrachlorinated dibenzo-p-dioxin, TEQ）表示。

第六條　本標準各項目限值，除氫離子濃度指數為一範圍外，均為最大限值，其單位如下：

一、氫離子濃度指數：無單位。
二、真色色度：無單位。
三、大腸桿菌群：每一百毫升水樣在濾膜上所產生之菌落數（CFU/100 mL）。
四、戴奧辛：皮克 - 國際 - 總毒性當量／公升（pg I-TEQ/L）。
五、其餘各項目：毫克／公升。

第七條　本標準各項目限值，除水溫及氫離子濃度指數外，事業或污水下水道系統自水體取水作為冷卻或循環用途之未接觸冷卻水，如排放於原取水區位之地面水體，不適用本標準。

第八條　事業、污水下水道系統及建築物污水處理設施，同時依本標準適用範圍，有二種以上不同業別或同一業別有不同製程，其廢水混合處理及排放者，應符合各該業別之放流水標準。相同之管制項目有不同管制限值者，應符合較嚴之限值標準。各業別中之一種業別廢水水量達總廢水量百分之七十五以上，並裝設有獨立專用累計型水量計測設施者，得向主管機關申請對共同管制項目以該業別放流水標準管制。前項廢水量所佔比例，以申請日前半年之紀錄計算之。

第九條　本標準除另定施行日期者外，自發布日施行。

memo

memo

memo